国家自然科学基金青年科学基金项目（No.52004170）
越崎杰出学者资助项目（No.800015Z1179）

高瓦斯煤层采空区
瓦斯空间分布及运移规律

张 欢　赵洪宝　李文璞　杜双利　著

U0314975

北 京
冶 金 工 业 出 版 社
2021

内 容 提 要

本书主要介绍了高瓦斯煤层开采过程中采空区瓦斯的空间分布特征与运移规律。针对煤矿安全生产中实际存在的高瓦斯煤层空区瓦斯集聚超限及采空区构筑物漏风的问题，介绍了新型的采空区瓦斯浓度区域分布三维实测装置和井下构筑物漏风实测装置；提出了一种厚煤层沿空留巷 Y 型通风采空区瓦斯分布实测关键技术并以现场实测和数值模拟理论进行了验证；开展了采动影响下工作面前后瓦斯运移规律数值模拟研究，建立了采动影响下煤层瓦斯运移的数学模型，得到了采空区上方采动裂隙场中瓦斯流动规律。

本书可供煤矿开采专业的工程技术人员及研究人员阅读，也可作为高校采矿专业师生的参考书。

图书在版编目 (CIP) 数据

高瓦斯煤层采空区瓦斯空间分布及运移规律/张欢等著. —
北京：冶金工业出版社，2021. 10
　　ISBN 978-7-5024-8926-7

　　Ⅰ. ①高…　Ⅱ. ①张…　Ⅲ. ①煤矿—采空区—瓦斯积聚
Ⅳ. ①TD712

中国版本图书馆 CIP 数据核字（2021）第 190152 号

出 版 人　苏长永
地　　址　北京市东城区嵩祝院北巷 39 号　邮编　100009　电话　(010)64027926
网　　址　www.cnmip.com.cn　电子信箱　yjcbs@cnmip.com.cn
责任编辑　曾　媛　美术编辑　彭子赫　版式设计　禹　蕊
责任校对　李　娜　责任印制　禹　蕊
ISBN 978-7-5024-8926-7
冶金工业出版社出版发行；各地新华书店经销；北京虎彩文化传播有限公司印刷
2021 年 10 月第 1 版，2021 年 10 月第 1 次印刷
710mm×1000mm　1/16；9 印张；173 千字；133 页
79.00 元
冶金工业出版社　投稿电话　(010)64027932　投稿信箱　tougao@cnmip.com.cn
冶金工业出版社营销中心　电话　(010)64044283　传真　(010)64027893
冶金工业出版社天猫旗舰店　yjgycbs.tmall.com
　　　　　　　　（本书如有印装质量问题，本社营销中心负责退换）

前　言

<<<<<<<<<<<<<<<<<<<<<<<<<<<<<<<<<<<<<<<<<<<<<<<<<<<<<<<<<<<<<<<<<<

　　中国是以煤炭为主要能源的煤炭消费大国，根据《中国能源中长期（2030、2050）发展战略研究：节能，煤炭卷》，2030 年煤炭科学可采预测产能达到 30 亿~35 亿吨，至 2050 年维持在 35 亿吨左右，以基本满足届时煤炭需求。虽然 2018 年一次消费能源占比统计中，煤炭在一次消费能源占比中首次低于 60%，但依然是我国的主体能源，在我国能源结构中仍然处于主导地位。可见，煤炭在相当长时期内，仍将是保障我国能源安全稳定的基础能源。

　　我国煤炭资源赋存条件及水文地质条件十分复杂，使得我国煤矿"五大灾害（水、火、瓦斯、粉尘、顶板事故）俱全"，其中瓦斯灾害最为突出，其造成的人员伤亡、财产损失也最为严重。矿井瓦斯问题伴随着煤炭生产的全过程，且每一过程都可能发生煤与瓦斯突出、瓦斯爆炸等动力灾害。从新中国成立以来，我国发生了近 1.5 万次的瓦斯事故，其中 14 起事故死亡人数超过 100 人，且在所有煤矿生产过程中发生的特大、重大伤亡事故中，瓦斯事故占 80% 之上。随着我国浅部煤炭资源的逐渐枯竭，煤炭开采也将逐步由浅部转入深部，矿井瓦斯问题变得更加严峻，瓦斯问题在相当长一段时间内仍然是煤矿安全管理者和科研工作者的一项长期而又艰巨的任务。

　　采空区是由工作面回采过程中遗煤和冒落破碎岩石组成的极度复杂、不规则和多变的多孔介质空间，采空区瓦斯涌出是工作面乃至整个矿井瓦斯涌出的主要来源之一，约占工作面瓦斯涌出的 30%~80%。采空区是煤矿主要的灾害源之一，许多重大事故的发生都与采空区有关系,如采空区瓦斯爆炸、采空区自燃、采空区坍塌等。采空区的瓦斯含量高,工作面的风流漏进采空区不仅将采空区瓦斯积聚在工作面上隅角,造成瓦斯含量超限,还增加了采空区的氧气浓度,可能导致采空区发生瓦斯爆炸,严重威胁着矿井的安全。另外,由于采空区的复杂特殊性,人员无法进入,增加了采空区瓦斯治理工作量和难度。解决好采空区的瓦斯问题,对改善矿井的安全生产和提高矿井的经济效益都起到至关重要的作用。

本研究工作是在国家自然科学基金青年科学基金项目(No. 52004170)和越崎杰出学者资助项目 (No. 800015Z1179) 等科研项目的资助下完成的。研究主要针对高瓦斯煤层开采过程中采空区瓦斯易积聚超限,而缺乏有效的现场实测手段的问题,自主研发了采空区瓦斯浓度区域分布三维实测装置和实测技术,提供了一种采空区瓦斯浓度现场实测的监测手段。研发了井下采空区构筑物漏风检测装备与实测技术,实现了井下构筑物漏风实际情况的实时监测,提供了一种方便可靠的实时动态监测采空区构筑物漏风的手段。借助自主研发的井下采空区构筑物漏风实测技术和采空区瓦斯浓度区域分布三维实测技术对采空区瓦斯空间分布进行了三维实测和重构,发现工作面采用 Y 型通风方式时,工作面上隅角瓦斯集聚的问题能够得到很好的解决,但在靠近留巷的采空区内部一定范围内形成高瓦斯浓度区域。建立了采动影响下煤层瓦斯运移的数学模型,得到了采空区上方采动裂隙场中瓦斯运移动态演化规律。希望本书内容能为采空区瓦斯抽采钻孔布设优化,控制采空区瓦斯集聚、自燃发火等现象的发生提供理论支撑和工程指导。

在本书的撰写过程中,我的恩师赵洪宝教授在思路、结构和撰写等方面提供了宝贵的建议,感谢恩师一直以来对我的谆谆教诲和悉心指导。感谢李文璞、杜双利老师在本书撰写过程中的辛勤付出,感谢团队王涛、李金雨、李金松等师弟的帮助和支持。本书在撰写过程中参阅了大量的相关文献和专业书籍，由于篇幅所限部分内容没有出现在参考文献中，在此谨向其作者深表谢意！

　　由于作者水平所限，书中疏漏和不妥之处在所难免，敬请各位专家、学者严加斧正、不吝赐教。

张　欢

2021 年 8 月 1 日

目　　录

1 绪　　论

1.1　研究背景及意义

1.1.1　研究背景

中国是以煤炭为主要能源的消费大国，根据《中国能源中长期（2030、2050）发展战略研究：节能，煤炭卷》，2030 年煤炭科学可采预测产能达到 30 亿~35 亿吨，至 2050 年维持在 35 亿吨左右，可以基本满足届时煤炭需求[1]。虽然 2018 年一次消费能源占比统计中，煤炭在一次消费能源占比中首次低于 60%，但依然是我国的主体能源，在我国能源结构中仍然处于主导地位[2]，煤炭在相当长时期内，仍将是保障我国能源安全稳定的基础能源。

我国大多数的煤矿具有开采作业复杂、条件恶劣以及事故多发的特点[3]。随着开采强度和采深的逐渐加大，高瓦斯矿井、突出矿井数量逐年增加，瓦斯带来的问题和危害日益突出，严重制约了煤矿的安全生产。2000~2016 年，全国煤矿重特大生产安全事故共死亡 11836 人，其中瓦斯事故死亡人数最多，死亡 8722 人，占总人数的 73.69%，是煤矿安全的"第一杀手"。根据中国 2006~2015 年瓦斯事故的调查数据[4]，瓦斯事故在煤矿事故中所占比例最高，约占同类事故总数的 48%，造成了严重的人员伤亡及财产损失。因此，矿井瓦斯灾害严重制约了煤矿的安全生产。

采空区是指随着工作面向前推进，工作面后方的煤层顶板不断冒落下来，而形成的煤岩松散堆积体，是由空隙、上下邻近层有瓦斯解析和流动的煤岩及遗煤组成的空间区域[5]。采空区具有空间范围大、遗煤多、裂隙发育丰富、受上下邻近层采动卸压瓦斯渗透影响大等特点，是瓦斯运移、集聚和涌出的主要场所和来源。采空区瓦斯涌出主要包括遗煤瓦斯涌出、上下邻近层瓦斯涌出、未采分层瓦斯涌出、围岩瓦斯涌出和相邻已采面老空区瓦斯涌出。各部分瓦斯涌入采空区后混合在一起，在浓度差和通风负压的作用下涌向工作面，是工作面瓦斯涌出的主要来源之一。采空区涌出瓦斯通常占采掘空间瓦斯涌出量的 40%左右，有些矿井采空区涌出瓦斯占采掘空间总瓦斯涌出量的

60%~70%[6]。因此，上隅角、工作面以及回风巷等地点的瓦斯超限与采空区有十分密切的关系，解决好采空区的瓦斯问题，对改善煤矿瓦斯问题，以及对于矿井的安全生产和提高矿井的经济效益都起到至关重要的作用。

在煤矿生产中过程，与采空区有关的瓦斯灾害和火灾频发，常常导致群死群伤恶性事故，是我国矿业发展中亟待解决的重大问题。尤其是采空区存在的遗煤易自燃，为瓦斯爆炸提供了长期存在的火源，易引发继发性瓦斯爆炸，导致灾害事故，后果十分严重。采空区的气体包括甲烷、空气以及一氧化碳等其他气体，以多元混合气体形式存在，以不同浓度分布在采空区各个区域，受工作面漏风流的风压、顶板破坏的冲击力、瓦斯涌出的动力、遗煤自燃的火风压等外力作用，在采空区内部形成不同流动状态、组分浓度以及温度的瓦斯分布情况[7]。由于采空区的瓦斯含量高，采空区中冒落物的堆积方式的随机性，采空区的孔隙-裂隙系统形成了瓦斯涌向采空区的通道，增加了工作面瓦斯治理工作量和难度。另外，采空区构筑物漏风是在开采过程中不可忽视的问题，特别是在有自燃倾向性的煤层中开采时，由于采空区中集聚了大量的瓦斯，工作面与采空区之间的漏风流一方面将采空区瓦斯积聚在工作面上隅角中，造成瓦斯含量超限；另一方面漏风流增加了采空区的氧气浓度，可能导致采空区发生瓦斯爆炸，严重威胁着矿井的安全。

综上所述，开展高瓦斯煤层采空区瓦斯空间分布及运移规律研究，掌握采空区高瓦斯体积分数区域空间分布范围及瓦斯运移规律，从而指导采空区瓦斯抽采钻孔布设优化，有效控制采空区瓦斯集聚、自然发火的发生，对煤矿瓦斯治理、瓦斯灾害防治具有重要意义；将研究成果用于指导未来一段时间内的生产实践，其经济、社会效益显著，具有广阔推广应用前景。

1.1.2　研究意义

采空区是煤矿主要的灾害源之一，许多重大事故的发生都与采空区有关系，如采空区瓦斯爆炸、采空区自燃、采空区坍塌等。关于采空区瓦斯方面的研究，如采空区流场分布[8-10]、瓦斯运移[11-13]、瓦斯抽采[14-17]和遗煤自燃[18,19]等一直是国内外学者关注的重点。掌握采空区瓦斯分布和运移规律，是研究工作面合理通风方式、防治采空区自然发火以及瓦斯治理的关键技术基础。不同通风方式下采空区的流场形态和瓦斯分布规律不同，传统的 U 型通风方式容易造成工作面上隅角瓦斯超限，威胁安全生产。而采用 Y 型通风方式，可以很好地解决工作面上隅角瓦斯集聚的问题，但瓦斯集聚的现象并没有消失，而是在采空区一定区域范围内形成高瓦斯浓度区域。因此，开展高瓦斯煤层采空区瓦斯空间分布及运移规律研究，明确采空区高瓦斯浓度区域分布范围，掌握采空区瓦斯在采动裂隙场中的运移规律，对于采空区瓦斯治理和预防采空区瓦斯事故的发生具有重要的指导意义。

1.2　国内外研究现状

1.2.1　采空区漏风规律及流场形态研究现状

漏风是导致采空区遗煤自燃的主要原因之一，同时也对采空区内瓦斯涌出具有重要影响，因此研究工作面采空区漏风意义重大。国内外诸多学者对采空区漏风规律及风流流场形态进行了大量的研究。研究发现，风流在工作面流动的过程中，会有一部分风流漏入采空区。漏风风流会把采空区内的遗煤解析出的瓦斯和邻近层涌出的瓦斯携带出采空区，引起工作面和回风巷道中瓦斯浓度超限。掌握采空区漏风和流场形态是治理工作面瓦斯超限的基础，因此这方面的研究一直是诸多学者关注的焦点，并对此做了大量的研究。

由于采空区内部结构十分复杂，故正常情况下，很难用常规的测量仪器和手段测定采空区漏风情况。示踪气体作为一种非常规的方法，通过测定释放的气体可间接定性判定采空区漏风通道，甚至在理想条件下，能够定量测出采空区漏风量[20]。示踪气体在矿井指定位置释放，使其与空气混合并随空气流动，在下风流方向指定位置取气样并检测，根据检测结果可判断漏风通道、漏风方向、计算漏风量等。目前，这一技术在美国、中国、澳大利亚、波兰等国家得到广泛应用。

作为示踪技术测漏风的示踪气体，其选择应满足如下要求[21]：（1）自然含量低；（2）易与空气混合流动，性质稳定、不易分解，不易与其他物质反应；（3）检测灵敏度高，便于检测；（4）无毒、无腐蚀、无放射、不燃、不爆、安全；（5）成本低。

SF_6是一种惰性气体，不存在于井下和大气环境中。从物理性质上说，它无味、无色、流动性好、不易吸附，能随着空气的流动自由扩散；从化学性质上说，它无毒无害，不易在空气发生反应。最重要的是它易于检测，运用矿用气相色谱仪检测时，通常精度可以达到10^{-12}级。因此，SF_6适用于作为示踪气体检测工作面采空区漏风[22-24]。除了SF_6以外，CF_2Cl_2、CF_2ClBr、CF_2Br_2等也可作为示踪气体使用。示踪气体的选择与释放装置和分析装置的选择密切相关，不同示踪气体应选用相应的装置进行释放和含量分析[25,26]。

　　根据测试目的以及测试对象的条件，煤矿示踪气体测试具体应用有如下几种情况[27]：（1）工作面与老空区之间的煤柱漏风状况的测试；（2）近距离煤层间的漏风状况；（3）工作面切眼与架后采空区间的漏风状况；（4）多源多汇工作面采空区的漏风状况；（5）煤层上下分层开采时下部煤层顶板的漏风状况；（6）多区段、大面积老空区的复杂漏风状况；（7）浅埋深煤层采空区与地表之间的漏风状况；（8）矿井外部漏风状况测试；（9）钻孔/地面钻井有效抽采半径的测试。

　　煤矿示踪气体测试漏风主要采用 SF_6 气体，在国内，SF_6 示踪气体脉冲释放法自淮南矿院通风教研室 1981 年首次应用于煤矿井下后，现在已在全国广泛应用，并留下了许多宝贵的经验和珍贵的资料。杨勇和史惠堂根据矿井工作面不同漏风类型，采用不同示踪气体测漏风技术和方法，选用相应的示踪气体，根据现场实际情况和目的设置释放点和取样点，比较准确地测定了矿井工作面漏风状况，便于采取有针对性的防漏风措施，防止采空区瓦斯涌出和遗煤自燃，为工作面安全生产提供了保障[28]。秦汝祥等为研究 Y 型通风工作面向采空区的漏风情况，选用 SF_6 作为示踪气体，通过工作面下隅角的预埋管道，以连续释放方式将 SF_6 释放到采空区中，并在回风巷抽取采空区气样，用气相色谱仪进行 SF_6 含量分析。根据分析结果得出，沿空巷均为漏风汇；距离工作面 50m 范围内工作面向采空区漏风风速较大，距离工作面 200m 以后漏风风速较小，50～200m 为过渡区[29]。石必明等提出了采用能位测定与示踪技术联合判定采空区漏风通道和方向的方法，先使用能位测定技术优选出释放点和取样点，再通过示踪技术进一步判定，增加了判定采空区漏风通道和方向的准确性和科学性[30]。江卫针对煤矿井下采空区的复杂漏风关系，提出了采用能位测定与 SF_6 示踪技术联合检测采空区漏风的方法，该方法有利于提高复杂采空区漏风检测的科学性和准确性，避免盲目性，对减少采空区漏风、预防采空区煤炭自燃具有实际意义[31]。郝圣艾等将示踪技术应用到浅埋煤层矿井中，在地表裂缝采用脉冲释放法释放 SF_6 示踪气体，并成功在井下接收到，确定了漏风通道，计算出了漏风速度[32]。崔益源进行了基于示踪气体测量技术的采空区漏风研究，通过对示踪气体测流量法进行理论研究，提出了示踪气体技术应用的关键技术环节——混合均匀性、合理采样点位和自动检测记录装置，并提出了利用示踪气体测量采空区漏风量的方案[33]。田垚等采用示踪检测技术与计算流体力学数值模拟方法，对高河煤矿 Y 型通风工作面采空区漏风规律进行了研究，认为采空区内漏风路径为扇形，由工作面向沿空留巷偏转；采空区含氧量与距工作面和沿空留巷的距离呈正相关关系，采空区散热带、氧化带和窒息带呈 L 型分布，"三带"范围随高度增加而变化[34]。

受到现场采煤工作面生产条件的限制，目前工作人员难以进入采空区对采空区内漏风进行实际测定，因此，近年来随着计算机技术的快速发展，数值模拟已成为国内外专家采用的主要研究方法之一。徐会军等采用数值模拟方法对采取不同措施的采空区流场（压力、速度分布）、氧浓度分布等进行了模拟研究，并将模拟结果与现场观测结果进行了比较，认为对工作面上下隅角采区采用封堵措施可以减少采空区漏风，且封堵长度越长效果越明显[35]。谢振华利用 Fluent 软件对采空区漏风渗流场进行了数值模拟，得到了采空区风压和风速分布规律，发现离工作面距离大于 100m 的采空区内部几乎不存在漏风，保留煤柱的存在使风流更容易进入采空区内部，该研究成果为采空区煤炭自燃防治提供了科学指导[36]。文虎等研究了采空区氧浓度场及漏风流场，通过对综放面采空区漏风场的数值模拟，得出了采空区渗流速度及氧浓度分布[37]。康雪等研究了抽放采空区瓦斯对采空区内部流场的影响，通过建立相似材料模型，模拟了未采取瓦斯抽放措施、埋管抽放、瓦斯尾巷抽放、高抽巷抽放 4 种条件下采空区流场的分布状态，发现埋管抽放、瓦斯尾巷抽放与高抽巷抽放 3 种措施都会增大采空区漏风[38]。杨明等运用 Fluent 软件对两种不同通风方式下（U 型和 Y 型通风）采空区内漏风流场和瓦斯浓度场进行数值模拟，得到采空区漏风量和采空区内瓦斯浓度分布图，分析得出 Y 型通风能够更好地解决回风巷瓦斯超限和上隅角瓦斯积聚问题[39]。杨胜强以瓦斯立体抽采系统为实例，运用实测与模拟相结合的方法，研究了瓦斯立体抽采系统中采空区漏风规律，得出瓦斯立体抽采作用下的漏风流进入采空区的深度大幅增加；高抽巷的存在使得采空区漏风量增加，导致采空区中深部浮煤自然发火危险性增加[40]。王凯等[41-43]采用 CFD 软件 PHOENICS 对 J 型通风系统和 U 型通风系统的综放采空区漏风流场与瓦斯运移进行了数值模拟，得出采用 J 型通风系统可消除采空区向上隅角的集中漏风，从而有效解决了 U 型通风上隅角瓦斯积聚问题。张睿卿等利用 Fluent 对采空区不同颗粒粒径下的漏风流场进行了模拟，确定了合适的平均粒径，并利用该采空区颗粒平均粒径对工作面供风量及采空区漏风的影响进行了模拟与分析，发现采空区内平均粒径的取值对工作面风量分布影响较大[44]。张学博和靳晓敏采用 Fluent 软件对"U+L"型通风综采工作面采空区的漏风流场进行了数值模拟，并现场实测了"U+L"型综采工作面采空区的漏风风流分布特征，认为"U+L"型综采工作面全程向采空区漏风，漏风汇至滞后联络巷后经专用排瓦斯巷排出，且漏风量沿工作面倾向方向（从进风至回风）呈逐渐减少趋势[45]。

1.2.2　采空区瓦斯分布规律研究现状

掌握采空区风流流场及瓦斯分布规律，对于采空区瓦斯抽采、工作面及上隅角瓦斯防治具有重要指导意义。因此，长期以来，国内外众多学者均对采空区流场、瓦斯分布规律进行了大量的研究。

在采空区瓦斯分布理论研究方面，Wendt 运用计算流体动力学的方法对不同通风方式下的工作面采空区风流流场和采空区瓦斯分布规律进行了研究[46]。Krawczyk 和 Janus 利用 ANSYS 瞬态模型模拟了进回风巷和工作面新鲜风流和瓦斯混合气体的流动状态和瓦斯浓度最先达到最大的区域，该研究有助于确定瓦斯传感器的最佳布置[47]。20 世纪 70 年代末，我国学者开始对采空区风流流动和瓦斯浓度分布规律进行研究。章梦涛首次运用多孔介质流体动力学理论对采空区气体流动状态进行研究，其将采空区冒落岩体看作均匀介质，认为采空区内气体流动符合达西定律，其根据质量守恒原理建立了数学模型，并依据现场监测数据反求渗透系数，最后运用有限元法得出了采空区风流分布情况[48]。袁亮通过对首采关键层留巷采空区边缘岩体结构变形破坏和裂隙演化规律进行分析，揭示了 Y 型通风工作面采空侧卸压瓦斯富集区域、运移通道、瓦斯分布特征及卸压瓦斯运移规律[49]。张东明、刘见中依据渗流理论，建立了采空区瓦斯渗流和分布的数学模型，并设定边界条件，研究分析了采空区瓦斯流动分布规律，为预测和分析上隅角瓦斯浓度分布提供了理论依据[50]。

在采空区瓦斯分布数值模拟研究方面，Esterhuizen 和 Karacan 通过对采空区内渗透率的存在状况进行研究和分析，并利用计算机软件进行数值模拟解算，得出了采空区内的瓦斯运移及浓度分布的一般规律[51]。戚良锋利用 Fluent 软件数值模拟了该工作面采空区瓦斯浓度分布情况，分析得出了 Y 型通风方式下的采空区瓦斯分布规律，为治理采空区瓦斯提供了理论指导[52]。王龙刚、聂百胜以某矿井实际的开采情况为依托，以现场的实际数据为参数，在 Fluent 中设定了符合现场的边界条件，解算出了采空区内各点的瓦斯浓度数值，总结得到采空区内瓦斯分布的一般规律，研究结果可以指导类似矿井采空区的瓦斯治理[53]。高建良等运用 Fluent 软件对采空区压力分布、风流流场及瓦斯分布情况进行了数值模拟，分析了采空区风流流场及瓦斯分布规律，认为漏入采空区深部的风流与深部涌出的瓦斯汇聚流向采空区顶部，之后风流沿着顶板流向靠近工作面区域的采空区，并回转形成涡流，风流从顶板向下流动，流向工作面；沿采空区走向方向、工作面倾向方向及采空区顶板方向，瓦斯体积分数总体上都是不断增大[54]。赵洪宝等以 Fluent 数值模拟软件为手段，通过对所研究矿井的工作面采空区瓦斯运移规律以及瓦斯分布规律进行模拟研究，最终得到了采空区的高浓度瓦斯处于采空区的重新压实区域内[55]。

陈冲冲等对采空区瓦斯在整个采空区均匀涌出、上邻近层及底板遗煤涌出两种情况下的瓦斯分布规律分别进行了 Fluent 数值模拟，分析了采空区瓦斯涌出源位置对其分布的影响[56]。刘卫群、缪协兴为了进行 J 型和 U 型通风采空区渗流及瓦斯分布的模拟研究，建立了采空区内部碎岩渗流分析数值模型[57]。康建宏等分别研究了未抽采时、高抽巷和预埋立管抽采采空区瓦斯三种情况下采空区瓦斯分布规律，分析了不同抽采方式和抽采位置对采空区瓦斯流场和体积分数的影响规律，以此确定高抽巷的最优空间布置以及预埋立管的最佳埋管间距，并通过煤矿现场实测的瓦斯体积分数和抽采流量数据，验证了采空区高抽巷及埋管抽采方式的有效性和合理性，为优化采空区瓦斯抽采方案提供了借鉴[58]。

在采空区瓦斯分布相似模型实验研究方面，秦跃平等根据模型相似准则，研制了采空区三维模型，进行了 U 型和 E 型两种通风方式下采空区瓦斯分布的相似模拟实验，发现采空区内瓦斯分布特性与流场形态是彼此相互印证的，U 型通风系统下通风量越大，上隅角瓦斯越容易积聚；E 型通风系统能更好地排放瓦斯，解决上隅角瓦斯超限的现象[59]。魏引尚等针对急倾斜大段高综放工作面采空区存在的瓦斯安全问题，依据几何相似准则，在实验室按1：100比例制作了采场模型，以高纯氮气作为指标性气体，模拟测定了采空区的瓦斯分布情况[60]。张浩然等在实验室建立了比例为1：50的相似模拟通风系统及采空区模型，通过采用"U+L"型通风系统，得到了瓦斯在采空区内的分布特征，确定了综采工作面采空区瓦斯移动规律，为采空区高位钻孔的位置布置提供了可靠依据[61]。李俊贤等开展了"U+L"型通风方式加上抽排瓦斯形成复杂流场下采空区风流流场及瓦斯分布规律研究，通过在实验室依据相似模拟理论建立的"U+L"型通风系统加高位钻孔组瓦斯抽放模型，利用示踪气体测定瓦斯浓度的分布，得到了在这种复杂条件下的风流流态和瓦斯分布情况[62]。

在采空区瓦斯分布现场实测技术研究方面，撒占友等对综采工作面上隅角附近瓦斯浓度的分布规律进行了现场实测，并提出通过小型液压风扇处理上隅角瓦斯积聚的方法[63]。石建丽等为有效地治理工作面瓦斯、提高采空区注氮防灭火的效果，采用沿综放工作面全面布点测定方法，对采空区注氮前后瓦斯浓度进行抽样实测分析[64]。叶川通过在采空区埋设束管，得到了 U 型工作面及高抽巷抽采条件下的采空区瓦斯浓度场实测数据，并利用 MATLAB软件做出了两种条件下采空区的瓦斯浓度场，分析了高抽巷抽采对工作面采空区瓦斯分布的影响[65]。周一力通过在采空区铺设束管，现场监测了工作面推移过程中采空区气体浓度变化，得到了"Y+高抽巷"通风系统工作面采空区内气体浓度分布规律，并对影响气体分布规律的通风和抽采参数进行了优化[66]。赵洪宝等通过自主研发的一种采空区瓦斯体积分数区域分布三维实测装置，对 Y 型通风靠近留巷侧采空区瓦斯空间分布进行了三维实测，发现分段留巷 Y 型通风条件下近留巷侧采空区在一定空间范围内出现瓦斯积聚现象，且不同工况条件下，近留巷侧采空区高瓦斯区域空间范围基本相同；认为近留巷侧采空区形成的高瓦斯积聚区域具有严重的瓦斯爆炸威胁[67]。

1.2.3 采空区瓦斯运移规律研究现状

  研究采空区瓦斯运移规律对矿井瓦斯防治具有极其重要的意义，特别是对防治回采工作面及上隅角瓦斯积聚等有着非常重要的作用。国内外诸多学者和专家对此做了深入的研究，并取得了卓越的成绩，为煤矿瓦斯防治做出了重大贡献。国外许多专家在采空区的瓦斯运移规律方面开展了相关研究，Tauzière 等进行了回采工作面采空区瓦斯流动的模拟研究，定性论证了工作面倾角对采空区瓦斯分布和运移的影响[68]。Ramakrishna 等采用计算流体力学建模技术，模拟和评估了不同采矿方法以及不同通风参数对采空区气体流动的影响，并进行了广泛的参数优化研究[69]。Ren 等进行了采动条件下采空区瓦斯流动规律研究，并与现场采空区的瓦斯监测数据进行了对比，发现随着工作面的持续推进，采空区整体瓦斯流动形态发生变化[70]。

  20 世纪 70 年代末，我国学者开始对采空区风流流动和瓦斯运移规律进行研究。在采空区瓦斯运移理论方面，章梦涛等在扩散动力学理论的研究基础上，通过建立瓦斯在空气中流动的数学模型定量分析了瓦斯在采空区的运移规律[71]。邸志乾、丁广骧等根据 Bachmat 非线性渗流定律建立了采空区二维平面非线性渗流函数微分方程[72]。柏发松考虑瓦斯-空气混合气体密度在空间分布上的差异和重力作用下的上浮因素，建立了三维采空区内变密度混合气体非线性渗流及扩散运动的基本方程组，运用相似定数法较为全面地分析了采空区流场的动力相似特性，并进行了模型实验研究[73,74]。李树刚、林海飞等通过理论知识推导出了瓦斯气体在裂隙中运移的数学模型，并在此基础上初步得到了瓦斯气体在裂隙带中的运移规律，认为开采形成的椭抛带裂隙可以为瓦斯提供储集空间以及运移通道，同时椭抛带裂隙也是瓦斯大量聚集的地方，该研究成果对矿井瓦斯合理抽放具有非常重要的意义[75-77]。杨天鸿等根据高强度快速推进条件下大空间采空垮落区瓦斯运移的特点，按照渗流力学理论，将采空区视为连续的渗流空间，运用质量守恒定律和非线性渗流方程，提出基于 Fick 扩散定律和 Brinkman 方程的瓦斯扩散-通风对流运移模型，探究了工作面采空垮落区内瓦斯运移的作用机理[78]。蒋曙光、张人伟将瓦斯-空气混合气体在采空区中的流动视为在多孔介质中的流动，应用多孔介质流体动力理论建立了综放采场三维渗流场的数学模型，并用上浮加权多单元均衡法对气体流动模型进行了数值解算[79]。王洪胜根据多孔介质渗流理论，建立了综放工作面预抽煤层瓦斯解吸-扩散的数学模型、采空区瓦斯渗流的数学模型及工作面瓦斯扩散的数学模型，给出了模型的边界及初始条件，对模型进行了求解[80]。李晓飞基于流体基本守恒定律，建立了采空区二维瓦斯浓度场平衡方程，考虑了采空区实际边界条件，进而建立了采空区瓦斯浓度场数学模型；基于有限体积法思想，离散采空区瓦斯压力场和浓度场，构建节点瓦斯压力和浓度计算线性方程组；开发了采空区瓦斯运移数值模拟软件，并对特定开采条件下采空区多物理场进行了数值模拟[81]。

关于采空区瓦斯运移规律数值模拟方面，诸多学者也进行了广泛的研究。高建良等利用 Fluent 软件，对采空区渗透率为均匀分布、分段均匀分布、连续分布、O 型连续分布 4 种不同分布情况下采空区瓦斯的运移规律进行了数值模拟[82]。乔志刚通过运用流体力学软件 FLUENT 对 U 型、"U+L"型、"U+I"型和"U+I+高抽巷"型通风方式下采空区内的瓦斯运移规律进行了数值模拟，通过对比发现在"U+I+高抽巷"型的通风方式下，内错尾巷和高抽巷的抽排作用使得综放面采空区内的高浓度瓦斯向抽采口运移，减少了采空区内瓦斯向工作面的涌出[83]。洛锋等利用 COMSOL 数值模拟软件，针对工作面的不同通风方式，研究了采空区上部卸压煤岩体内的瓦斯运移与分布规律，认为只采用单一的 U 型通风方式，工作面进风口的瓦斯气体浓度较低，但是在工作面出风口，即上隅角会发生瓦斯积聚现象[84]。李文璞等在建立了采动影响下煤层瓦斯运移数学模型的基础上，对采空区上方上覆岩层的移动破坏情况进行了 UDEC 数值模拟，得到了其采动裂隙场分布，将其导入到 COMSOL 软件中进行了采动裂隙场中的瓦斯运移规律研究[85,86]。赵鹏翔等通过构建卸压瓦斯优势通道模型，利用椭抛带理论与物理相似模拟相结合的手段，研究了卸压瓦斯在工作面采空区上覆岩层中的运移规律，为矿井工作面采空区覆岩裂隙中的卸压瓦斯积聚位置的确定提供了理论依据[87,88]。

庞拾亿对采用两进一回的 W 型通风采空区瓦斯运移规律进行了数值模拟，得到了总风量相同条件下，两条进风巷在不同的风量配比为 1∶1、2∶1 和 3∶2 的情况下的采空区瓦斯运移规律，发现两条进风巷风量配比为 1∶1 的情况下采空区漏风最少，回风巷瓦斯浓度最小，通风效果最好；同时确定了距离工作面顶板上方 35~40m 的裂隙带范围内为瓦斯的富集带，此区域为瓦斯抽采的理想区[89]。罗振敏等对采空区瓦斯运移规律进行了数值模拟和相似模拟研究，通过搭建三维采空区气体运移综合实验台，并结合数值模拟分析，从通风风速、遗煤氧化升温和高温封闭 3 个方面对 U 型通风方式下的采空区瓦斯运移规律进行研究，发现增大通风风速在一定程度上可以降低采空区瓦斯浓度，但对采空区深部孔隙率较小的地方基本上没有起到作用[90]。

1.2.4　采空区瓦斯治理技术研究现状

我国很多地区煤层赋存条件复杂，特别在开采煤层群时，会从邻近煤层（包括围岩和邻近煤线）以及采掘空间遗落的煤中向开采层采空区涌出和解吸出大量瓦斯。当今社会经济快速发展，民用和工业需煤量日益增高，很多赋存较浅、距离地表较近的煤层资源日益枯竭，造成矿井开采的深度不断加深；同时随着特厚煤层及大倾角煤层促使大采高综采工作面和综放工作面的广泛应用，煤矿生产机械化程度的提高，使得矿井采空区瓦斯涌出量也越来越大。所以如何有效抽采采空区瓦斯、解决采空区瓦斯问题、确保工作面安全生产，是研究的重点和难点之一。减少工作面瓦斯涌出的主要措施是强化采空区瓦斯抽放。采空区瓦斯抽采常用的方法有密闭法、插管法、高位钻孔、顶板水平钻孔、千米钻机及地面垂直钻孔抽放等。采空区瓦斯抽采方法根据实施方式的不同分类，各类抽采方法优缺点见表 1-1[91]。

表 1-1　采空区抽采方法与其优缺点

抽采方法	优　点	缺　点
高位钻场抽采瓦斯法	抽出瓦斯浓度高，有效缓解上隅角积聚，布置于回风巷，抽采不影响正常进风和回采	会加强采空区内的漏风范围，漏风流经的路线比较长，遇到地质构造，影响钻场的钻进速度
插（埋）管抽采	实施简单	抽采效率较低
高抽巷抽采瓦斯法	抽采效果明显，瓦斯抽采量大，抽出的瓦斯浓度比较稳定，巷道管理非常方便	工程量增大，费用也比较高，当抽采量过大时采空区内漏风范围增大

续表 1-1

抽采方法	优 点	缺 点
地面钻孔抽瓦斯法	与井下抽采采空区瓦斯相比较，地面打钻孔抽采采空区瓦斯管理方便，受回采工作制约少，不影响井下正常生产	只适用于开采深度浅的高瓦斯煤层，一般要求开采深度不超过 400m，且这种抽采方法容易受到外界条件的限制，钻孔的费用也比较高
尾巷抽采瓦斯法	使工作面内因为正常通风形成的负压与瓦斯抽采负压达到相对平衡，最终实现采空区瓦斯的均压抽采	日常管理上有一定的难度

采空区瓦斯抽采已有非常悠久的历史，国内外学者对采空区瓦斯抽放技术进行了大量的研究。早在 1733 年英国 White Haven 煤矿就率先利用管道抽排采空区瓦斯并供实验研究[92]。1928 年美国学者 Price[93] 以矿床上煤层瓦斯运移规律为基础，首次提出了从地面打垂直钻孔抽出采空区瓦斯的方法。Guo、Karacan 和 Whittles 等学者深入研究了采空区瓦斯抽放的地质和岩土因素、采动引起的地层应力变化以及由此产生的渗透性变化、钻孔稳定性和瓦斯解吸带等因素对于瓦斯抽采的影响[94-98]。

近年来，随着对瓦斯利用价值和煤矿安全生产的重视，为了减少矿井瓦斯事故，我国学者对采空区瓦斯抽采技术进行了大量研究。最早的辽宁抚顺龙凤矿采用抽采泵对采空区瓦斯进行抽采[99]；阳泉矿务局针对矿井实际条件，采用邻近层瓦斯抽采的方式抽采采空区瓦斯[100]；淮南、焦作等矿务局相继采用煤层注水抽采、交叉式布置钻孔抽采、大直径钻孔抽采等技术抽采采空区瓦斯，取得了显著的效果[101]。袁亮通过分析煤与瓦斯突出工作面，采用采前预抽技术、边采边抽技术、穿层以及顺层钻孔抽放工作面采空区瓦斯技术，介绍了瓦斯抽采技术在煤与瓦斯突出矿井中的应用，并且提出了具体的瓦斯治理施工技术[102,103]。王威通过对高瓦斯矿井工作面采空区的瓦斯赋存规律进行研究，提出了水力挤出法、水压致裂法以及交叉钻孔预抽法三种瓦斯治理措施，并经过现场应用有效地治理了工作面采空区瓦斯[104]。王春光等通过对低瓦斯煤层实施采前注水技术，降低了采煤工作面落煤时的瓦斯涌出；然后结合瓦斯专用巷对工作面采空区瓦斯进行抽放，有效地解决了低瓦斯矿井在高强度生产时工作面涌出的瓦斯，从而实现了矿井的安全生产[105-107]。高宏和杨宏伟为了降低 U 型通风采煤工作面上隅角瓦斯浓度，弥补高抽巷层位布置不合理造成的抽采量的不足，提出了超大直径钻孔采空区瓦斯抽采技术[108]。闫保永等为了对采空区裂隙带内瓦斯进行抽采，降低瓦斯浓度，提出了采用高位定向长钻孔代替传统高抽巷对采空区上隅角瓦斯进行治理的方案，并分析了高位定向钻孔的直径大小、层位高低、深度等对裂隙带瓦斯抽采效果的影响[109]。随着煤矿开采技术的提升及机械化程度的加强，矿井的瓦斯压力、瓦斯浓度及温度的升高，水文地质条件越来越复杂，采空区瓦斯抽采技术逐渐从传统的单一模式向综合瓦斯抽采模式发展。采空区瓦斯抽采主要包括保护层开采及卸压瓦斯抽采、高抽孔抽采、高抽巷抽采、埋管抽采及钻孔预抽煤层瓦斯等方法[110]。

综上所述，由于采空区的复杂性，采空区瓦斯分布和运移规律研究还是一大难点，国内外的研究工作主要还处在理论分析、数值模拟和现场试验的探索阶段。我国学者对采空区和采动裂隙的瓦斯运移规律进行过一定程度的研究，并取得了一些进展，但仍没有取得实质性的突破，尤其对于采场和采空区瓦斯的空间分布的现场实测更是缺乏有效的手段和技术。因此，要想有效监测采空区瓦斯浓度分布、变化规律，掌握采空区高浓度瓦斯富集区域、运移规律，研制一种可靠的采空区瓦斯浓度实测设备与实测技术就尤为重要。

1.3   主要研究内容和研究方案

1.3.1   主要研究内容

1.3.1.1   高瓦斯煤层采空区漏风及瓦斯分布实测设备研制

针对目前矿井采空区漏风及瓦斯分布实测技术和方法的不足，通过技术改进和设备研制，研制了一种井下采空区构筑物漏风实测装备，实现对通风工作面采空区构筑物漏风情况的实时监测；自主研制了一种采空区瓦斯浓度区域分布三维实测装备，实现了对采空区高瓦斯浓度区域的空间分布范围的界定，以指导采空区瓦斯抽采钻孔布设优化。

1.3.1.2   采空区瓦斯分布实测技术及应用研究

采用自行研发的井下采空区构筑物漏风实测装置及技术，对采空区构筑物的漏风情况进行实测和分析，明确采空区的漏风范围及漏风规律；对高瓦斯煤层 Y 型通风工作面、靠近工作面前方 50m 处的运输顺槽和辅助进风巷、留巷段内的瓦斯浓度及风速进行现场实测，并利用 MATLAB 数值分析软件对 Y 型通风两进风巷、工作面及沿空留巷内的流场和瓦斯空间分布进行三维重构，通过对比正常开采条件与停采检修条件下的瓦斯浓度分布和流场分布情况，获得Y型通风采场流场形态与瓦斯分布规律；采用自主研制的一种采空区瓦斯浓度区域分布三维实测装备及技术，对Y型通风工作面采空区瓦斯浓度在三维空间上的分布情况进行实测，明确近留巷侧采空区高瓦斯浓度区域空间的范围。

1.3.1.3 采空区流场形态与瓦斯分布规律数值模拟研究

基于现场实际工程背景，建立与现场实测对应的数值模拟模型，对Y型通风工作面、留巷段及采空区的流场形态和瓦斯分布规律进行数值模拟研究，获得了Y型通风采场及采空区流场形态与瓦斯分布规律，明确采场及采空区的高瓦斯浓度区域分布范围；并将模拟结果与现场实测结果进行对比分析验证，同时，进一步验证所研发的采空区瓦斯浓度区域分布三维实测装备和技术的实用性和可靠性。

1.3.1.4 采空区采动裂隙场瓦斯运移规律研究

煤层受到采动影响时，采空区上方上覆岩层将产生不同下沉量的移动并形成采动裂隙场。随着工作面的不断推进，工作面前方的支承压力分布规律及采空区上方的采动裂隙场也发生时空演化，导致工作面前方及采空区上方采动裂隙场中瓦斯运移规律随之改变。开展采动影响下工作面前后瓦斯运移规律数值模拟研究，建立采动影响下煤层瓦斯运移的数学模型，获得采空区上方采动裂隙场中瓦斯流动规律。

1.3.2 研究方案

以现场调研、试制、现场试验、理论分析和数值模拟研究为主要研究手段，对高瓦斯煤层采空区瓦斯空间分布及运移规律开展研究，具体技术方案如下：

（1）提出问题：通过文献和现场调研，对高瓦斯煤层采场及采空区瓦斯分布及运移的实测技术进行总结分析，有针对性地提出高瓦斯煤层采场及采空区瓦斯治理存在的实际问题。

（2）试制：针对目前采空区构筑物漏风实测和采空区瓦斯分布实测技术和方法的不足，通过技术改进和设备研发，自主研发井下采空区构筑物漏风实测技术和装备、采空区瓦斯浓度区域分布三维实测技术和装备。

（3）现场试验：将研发的实测技术和装备应用于矿井，开展现场工业试验，对采空区构筑物漏风情况和采空区不同空间位置的瓦斯浓度进行现场实测，并结合不同矿井的实际情况对上述实测技术和装备做出相应的改进和优化，进一步提高其适用性和可靠性。

（4）数值模拟研究：基于现场实际工程背景，建立与之对应的数值模拟模型，对采场及采空区的流场形态和瓦斯分布规律进行数值模拟研究，并将模拟结果与现场实测结果进行对比分析验证，同时，进一步验证研发的采空区瓦斯浓度区域分布三维实测技术和装备的实用性和可靠性；在建立采动影响下煤层瓦斯运移数学模型的基础上，对采空区上方上覆岩层的移动破坏情况进行 UDEC 数值模拟，得到其采动裂隙场分布，将其导入到 COMSOL 软件中，进行采动裂隙场中的瓦斯运移规律研究，并采用 COMSOL 软件对不同开采条件下（无煤柱开采、放顶煤开采、保护层开采）工作面前方支承压力及渗透率变化规律进行数值模拟。

（5）理论分析：根据现场试验和数值模拟研究结果，理论分析采空区漏风规律及其对采空区瓦斯分布规律的影响，掌握 Y 型通风工作面上隅角整体转移与变化规律，明确工作面及采空区高瓦斯浓度区域空间分布范围，形成一套可靠的高瓦斯煤层采空区瓦斯分布实测关键技术；建立采动影响下煤层瓦斯运移的数学模型，获得采空区上方采动裂隙场中瓦斯流动规律。

1.4　本章小结

本章主要针对目前采空区瓦斯防治的现状和存在的问题，阐述了开展高瓦斯煤层采空区瓦斯空间分布及运移规律研究的必要性和意义；结合前人的研究成果，对采空区漏风规律及流场形态、采空区瓦斯分布规律、采空区瓦斯运移规律、采空区瓦斯治理技术等方面的研究现状进行了总结和评述，并基于此提出了本书的研究内容、研究思路以及采用的研究方案。

2 采空区漏风及瓦斯分布实测设备研制

"工欲善其事必先利其器"，研究设备的先进性、完备性和适用性是开展科学研究并获得可靠数据、规律的最重要的保障；同时，设备对测试效果、结果数据的可靠性也起决定性作用。因此，为了适应本项目所涉及的研究，进行了"井下构筑物漏风实测装置的设计与研发"和"采空区瓦斯浓度区域分布三维实测装置"研制，以实现实时动态监测采空区构筑物漏风情况和研究分析采空区高瓦斯体积分数区域空间分布范围。

2.1 井下构筑物漏风实测装置的设计与研制

2.1.1 研发背景

近年来，随着地下煤炭开采强度的增加，涉及瓦斯的矿井安全事故频繁发生，给人民的生命财产造成了巨大损失，其中采空区瓦斯是诱导事故的主要因素之一，而采空区构筑物漏风是在开采过程中不可忽视的问题，特别是在有自燃倾向性的煤层中开采时，由于采空区中集聚了大量的瓦斯，工作面与采空区之间的漏风流一方面将采空区瓦斯积聚在工作面上隅角中，造成瓦斯含量超限；另一方面，漏风流增加了采空区的氧气浓度，为采空区发生瓦斯爆炸（遗煤自燃）提供了氧气条件，严重威胁着矿区的安全。目前主要的井下漏风实测技术是 SF_6 示踪技术，但该技术操作过程过于烦琐，需要专门的技术人员进行取样和检验操作，不便于及时指导工程现场对采空区漏风的控制。因此针对现场生产实际需要，研发了一种简便经济适用的井下构筑物漏风实测装置，并将该装置应用于现场实践，以实时监测记录留巷构筑物漏风的情况。该装置能够准确、便捷、动态地反映井下采空区构物的漏风规律，为采空区留巷漏风治理提供理论依据和基础数据，保障矿井的高效开采和安全生产。

2.1.2　研发思路

　　该装置的目的在于克服现有监测工作面煤壁瓦斯涌出与采空区构筑物漏风实测技术的不足,提供一种动态监测煤壁瓦斯涌出与采空区构筑物漏风实测设备,实现对煤壁瓦斯涌出浓度与采空区构筑物漏风量分布、变化规律的有效监测,为煤矿工作面瓦斯治理和工作面瓦斯抽采技术的优化提供基础数据。

2.1.3　设备构成及原理

　　以下一种动态监测煤壁瓦斯涌出与采空区构筑物漏风实测设备及监测方法,该装置包括采气盒、密封管、设备固定装置、流量监测装置和集气盒,如图 2-1 所示。采气盒由一定体积的铝合金材料制成,密封管无缝焊接于采气盒四周,设备固定装置焊接于密封管四周,流量监测装置和集气装置通过管路与采气盒相连。采用该装置监测实测工作面煤壁瓦斯涌出与采空区构筑物漏风量时,将采气盒固定于煤壁,并注胶密封,通过流量监测装置对煤壁瓦斯涌出量与采空区构筑物漏风量进行实测。本装置可根据采气盒固定位置的不同,实现对煤矿井下煤壁不同监测点的瓦斯涌出量与采空区构筑物漏风量的实时监测。

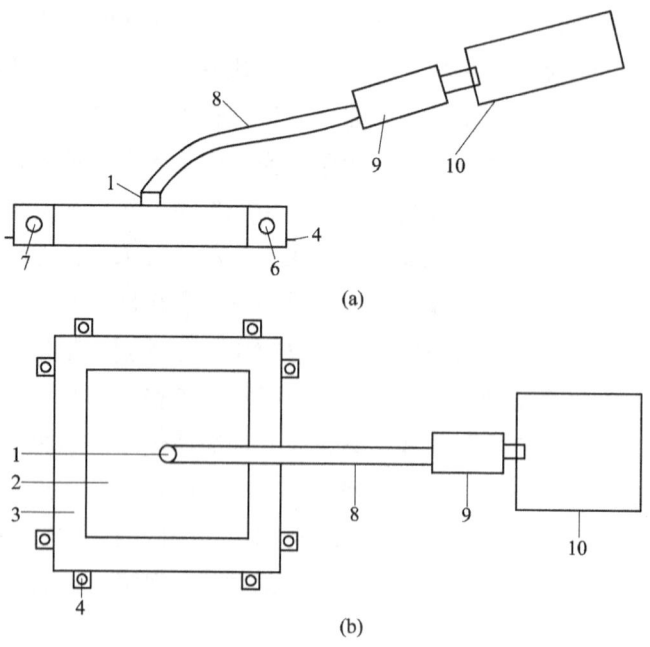

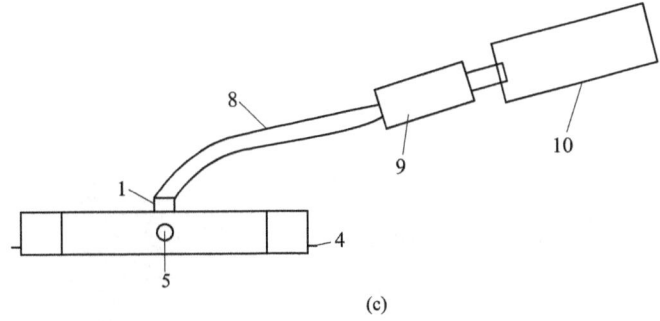

图 2-1 采空区构筑物漏风实测设备示意图

（a）俯视图；（b）正视图；（c）仰视图

1—通气管；2—采气盒；3—密封管；4—固定装置；5—下注胶孔；

6—上 1 注胶孔；7—上 2 注胶孔；8—软胶管；9—监测装置；10—集气盒

其中，采气盒是长宽高分别为 10cm、10cm、2cm，是由厚度为 0.5mm 的铝合金材料制成的无底空心盒，底面紧贴煤壁面，顶面焊接通气管与流量监测装置相连；密封管是围绕采气盒一周的矩形管是宽度为 2cm，高度为 2cm，厚度为 0.5cm 的无底空心管。在紧贴煤壁时，上部 2 个注密封胶孔、下部 1 个注密封胶孔通过孔向管内注射密封胶，实现实测区域与四周隔离；设备固定装置焊接于密封管四周，每条边上有 2 个，向煤壁上打固定螺丝；流量监测装置为数控管流量计，通过管道与采气盒连接。

2.1.4 设备特点及功能

（1）该装置可通过在采空区构筑物或工作面煤壁合适位置固定设备，结合流量监测装置，实现对采空区构筑物漏风和工作面煤壁瓦斯涌出实测。

（2）通过在采气盒周围密封管注胶，实现测定区域与周围区域隔离，使所测数据更接近实际情况。

2.1.5 适用条件及实测方法

井下工作面煤壁瓦斯涌出及采空区漏风实测方法包括如下步骤：

（1）固定设备：首先在煤壁面或采空区构筑物上选取合适的测试区域并将该区域简单打磨，使其较为平整，随后将设备固定装置内的各个螺丝钉迅速打入煤壁内，使设备牢固地依附在煤壁上。

（2）注胶密封：设备固定后，通过 3 个注胶孔向密封管注胶，首先将输胶管插入下部注胶孔使其完成密封管下部密封，当其密封完成后，依次通过上部左右 2 个注液孔完成密封管左右侧和上部的密封。

（3）设备装配：完成密封后，在采气盒上通气管通过可变形塑料管与流量监测装置和集气盒连接起来，打开流量监测开关进行流速实测，将所测数据导入到电脑中绘制流速图。图2-2所示为井下构筑物漏风实测装置。

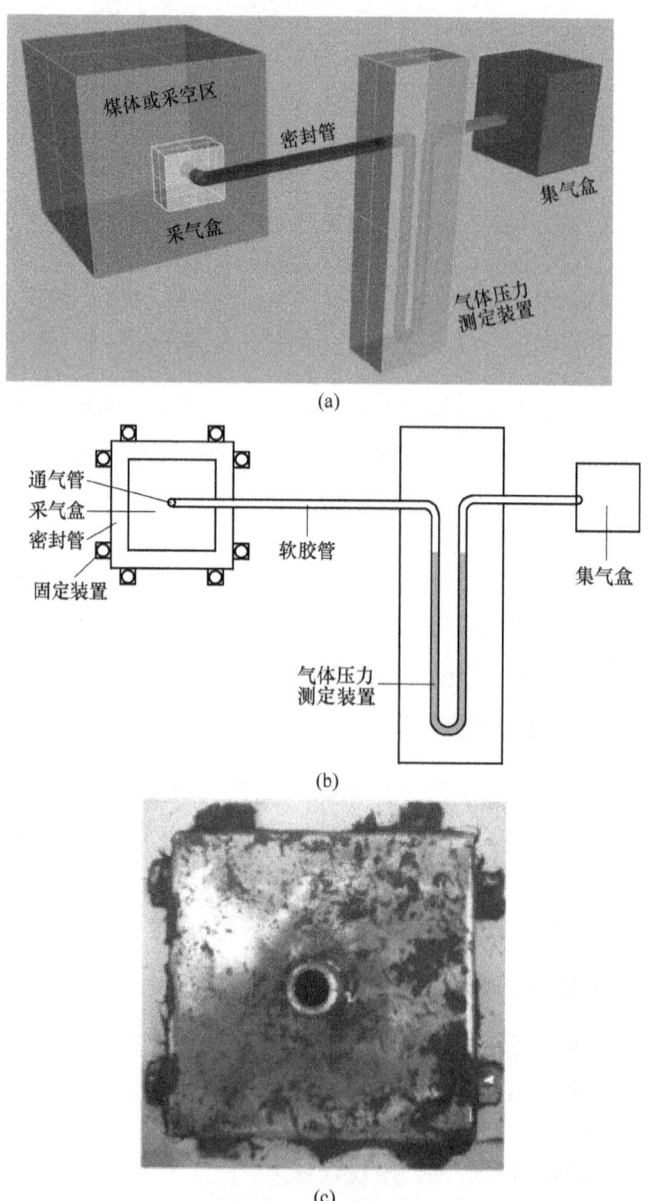

(a)

(b)

(c)

图 2-2　井下构筑物漏风实测装备三维示意图及实物

（a）三维示意图；（b）装置结构；（c）现场实物

2.2 采空区瓦斯浓度区域分布三维实测装置的设计与研制

2.2.1 研发背景

采空区是由工作面回采过程中遗煤和冒落破碎岩石组成的极度复杂、不规则和多变的多孔介质空间，采空区瓦斯涌出是工作面乃至整个矿井瓦斯涌出的主要来源之一，约占工作面瓦斯涌出的 30%～80%。

由于采空区的复杂特殊性，人员无法进入，目前关于采空区瓦斯分布规律、运移规律的研究大多集中于理论模型和数值模拟研究。关于采空区理论模型的研究大多对采空区进行了一些理想假设，如采空区各向同性、气体为不可压缩理想气体等，这就导致了所得理论模型与现场实际不能很好吻合；而数值模拟所建模型边界条件往往与现场采空区实际情况相差较大，这就造成了数值模拟所得结论无法很好指导现场生产。因此，要想有效监测采空区瓦斯分布、变化规律，掌握采空区高瓦斯富集区域、运移规律，研制一种可靠的采空区瓦斯体积分数实测设备与实测方法尤为重要，其将为煤矿采空区瓦斯治理和采空区瓦斯抽采技术的优化提供依据和参考。

2.2.2 研发思路

本装置的目的在于克服现有采空区瓦斯浓度实测技术的不足，提供一种采空区瓦斯浓度区域分布三维实测装置与监测方法，实现对采空区瓦斯浓度分布、变化规律的有效监测，为煤矿采空区瓦斯治理和采空区瓦斯抽采技术的优化改造提供依据和参考。

2.2.3 设备构成及原理

本节介绍的采空区瓦斯浓度区域分布三维实测装置与监测方法，其装置包括采气管、采气控制机构、钢丝绳卷筒、瓦斯流量监测装置和集气装置，如图 2-3 所示。采气管由多段无缝钢管连接组成，采气控制机构连接于采气管上，钢丝绳卷筒处于采气管外端口，通过采气管内的钢丝绳与采气控制机构相连，瓦斯流量监测装置和集气装置通过管路与采气管相连。监测采空区瓦斯浓度时，将接有采气控制机构的采气管插入钻好的钻孔内，外端口依次连接瓦斯流量监测装置、集气装置，通过采气管内的钢丝绳控制采气控制机构上采气孔的开闭，实现对采空区不同区域瓦斯浓度的测定。本发明可根据采气管在采空区的不同铺设位置，结合采气控制机构，实现对采空区瓦斯浓度的三维实测。

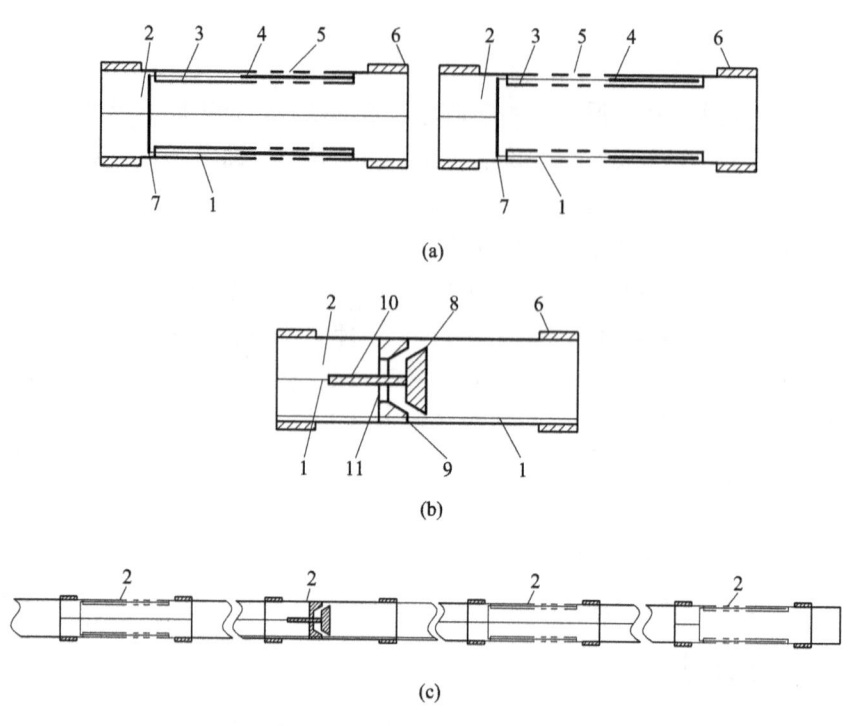

图 2-3　采空区瓦斯浓度区域分布三维实测装置的结构示意图

（a）采气孔控制装置结构；（b）管路控制装置结构；

（c）采气孔控制装置、管路控制装置组合关系

1—钢丝绳；2—采气控制机构；3—滑槽；4—滑片；5—采气孔；6—快速接头；

7—传动导杆；8—锥形密封塞；9—锥形槽；10—滑杆；11—多孔板

其中，采气管由多段无缝钢管连接组成，采气控制机构连接于采气管上，钢丝绳卷筒处于采气管外端口，通过采气管内的钢丝绳与采气控制机构相连，瓦斯流量监测装置和集气装置通过管路与采气管相连；采气管由 4m 长的无缝钢管连接组成，钢管两端焊接快速接头，钢管之间通过快速接头连接；采气管插入采空区一端封闭，另一端依次连接数控瓦斯流量计、抽气泵、集气囊；采气控制机构包括采气孔控制装置、管路控制装置，采气孔控制装置和管路控制装置都通过快速接头连接于采气管上；采气孔控制装置包括采气孔、滑片、滑槽、细钢丝绳、传动导杆、快速接头，滑片为两面均裹有密封橡胶垫的金属薄片，滑片处于滑槽内，与滑槽滑动连接；传动导杆与滑片由细钢丝

绳连接，通过传动导杆和钢丝绳卷筒移动滑片位置，控制采气孔开闭；管路控制装置包括锥形槽、锥形密封塞、滑杆、钢丝绳，锥形槽中心有一个圆孔，且底槽为多孔板；滑杆一端与锥形密封塞连接，另一端穿过锥形槽中心的圆孔；锥形密封塞外圈设有密封橡胶垫，锥形密封塞压入锥形槽后，橡胶垫与锥形槽面紧密接触实现密封；钢丝绳与滑杆相连，通过钢丝绳卷筒和滑杆移动锥形密封塞位置，控制采气管路开闭；钢丝绳卷筒处于采气管出气口位置，采气管出气口设有密封盖和密封橡胶垫，钢丝绳穿过密封盖缠绕在钢丝绳卷筒上；钢丝绳卷筒上设有带刻度的侧盘和手动摇把，通过手动摇把缠绕钢丝绳时，根据侧盘上的刻度可以控制钢丝绳移动的位移；瓦斯流量监测装置为数控瓦斯流量计，数控瓦斯流量计通过三通和铜管与采气管连接；集气装置为集气囊，集气囊通过铜管与抽气泵连接，抽气泵连接于数控瓦斯流量计上。

2.2.4　设备特点及功能

（1）该装置可通过在采空区布设采气钻孔，根据采气管在采空区的不同铺设位置，并结合采气控制机构，实现对采空区瓦斯浓度区域分布的三维监测。

（2）采气管上设有采气控制机构，每根采气管上可设多个采气测点，通过采气管内的钢丝绳控制采气孔的开闭，实现对每个采气测点的单独采气，大大减少采气钻孔数量，节省采气管路。

（3）当煤层厚度较大布置两排或三排采气钻孔时，采气钻孔的布设可采用炮眼布置中的"三花眼""三角眼"布置法，并在处于不同层位的采气管上交叉设置测点位置，以获得采空区更多位置的瓦斯浓度。

2.2.5　适用条件及实测方法

采空区瓦斯浓度区域分布三维监测方法包括如下步骤：

（1）采空区钻孔布置：沿工作面推进反向方向，在采空区距工作面10m的位置布置第一排采气钻孔，从回风平巷向采空区打水平钻孔，钻孔深度视工作面长度而定，一般比工作面长度小15m左右。采气钻孔之间的水平间距为15m，钻孔在沿水平方向上的数量视采空区具体情况而定，一般钻设5~6个，使采气钻孔分布于采空区的自然堆积区、载荷影响区。在竖直方向上，根据煤层厚度、围岩性质等不同情况可布置一排、两排或三排采气钻孔。当煤厚小于2m时，可布置单排采气钻孔；当煤厚为2~4m

时，可布置双排采气钻孔；当煤厚大于 4m 时，可布置三排采气钻孔，如图 2-4 所示。布置两排或三排采气钻孔时，可采用炮眼布置中的"三花眼" "三角眼"布置法。

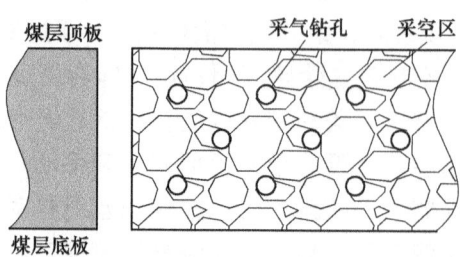

图 2-4　采空区采气钻孔布设示意图（以三排孔为例）

（2）采气管铺设：将每根 4m 长的无缝钢管依次插入钻好的采气钻孔内，使钢管伸至采气钻孔底部，钢管之间用快速接头连接牢固，其中最里端一根钢管靠近钻孔底部一端封闭，其余钢管均两端透气，如图 2-5 所示。

（3）测点布置：铺设采气管时，根据采气位置的不同，可将采气控制装置通过快速接头连接于采气管不同位置，同时将钢丝绳从采气管内穿过。一般每根采气管上设置 3 个测点，即采气管最里端、采气管中部及靠近采气管出口处。当煤层厚度较大布置两排或三排采气钻孔时，可在处于不同层位的采气管上交叉设置测点位置，以获得采空区更多位置的瓦斯浓度。

（4）设备装配：测点位置布置好后，对采气钻孔进行封孔；在采气管出口处连接三通，钢丝绳从三通一端口穿过并缠绕于钢丝绳卷筒上，然后在端口处盖上密封盖密封；三通另一端口依次连接瓦斯流量计、抽气泵、集气囊。

（5）采空区瓦斯浓度实测：打开采气管开关，使采气管最里端测点位置采气孔处于打开状态，首先测量该测点位置瓦斯浓度，并通过集气囊收集该测点排出的气体；然后通过钢丝绳卷筒拉动采气孔控制装置上的滑片，使采气管最里端采气孔控制装置上的采气孔关闭，同时打开采气管中部位置采气孔控制装置上的采气孔，测量该测点位置瓦斯浓度，并通过集气囊收集该测点排出的气体；最后通过钢丝绳卷筒卷拉连接在管路控制装置上的钢丝绳，关闭靠近采气管出口测点里侧的管路，同时打开靠近采气管出口位置采气孔控制装置的采气孔，测量该测点位置瓦斯浓度，并通过集气囊收集该测点排出的气体。

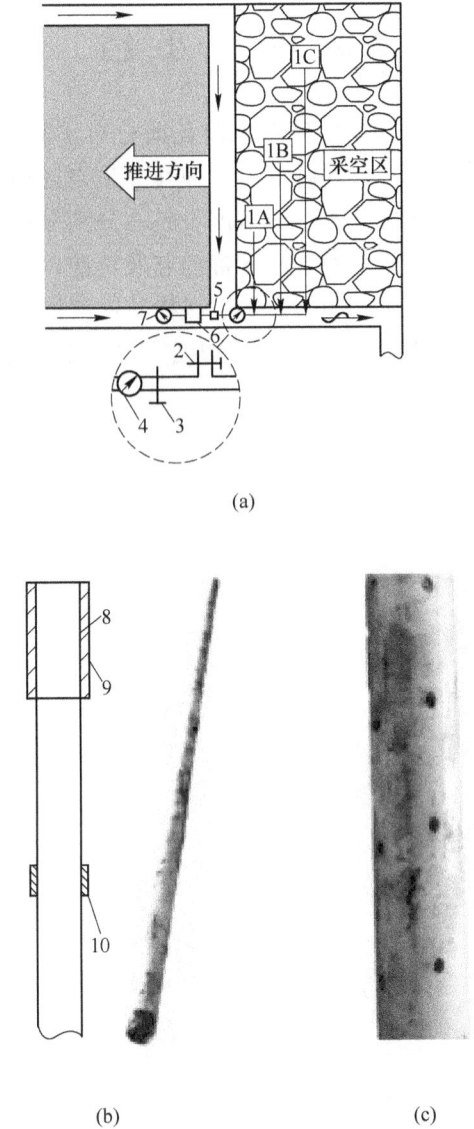

(a)

(b) (c)

图 2-5 采空区瓦斯区域分布三维实测装置结构示意

(a) 采空区瓦斯体积分数区域分布三位实测装置; (b) 采气管; (c) 采气头

1A, 1B, 1C—短、中、长采气管; 2—采气管阀门; 3—管路阀门; 4—瓦斯流量计; 5—抽气泵;

6—集气囊; 7—瓦斯体积分数检测仪; 8—采气头; 9—组合纱网; 10—管路快速接头

(6) 气体成分分析: 将各测点集气囊带到地面送入气相色谱仪分析, 获得采空区不同位置 O_2、CO_2、CH_4、C_2H_2 等重碳氢气体的浓度及其变化规律。

2.3　本章小结

　　本章主要针对目前矿井采空区漏风及瓦斯分布实测技术和方法的不足，通过技术改进和设备研制，分别研制了一种井下采空区构筑物漏风实测设备和一种采空区瓦斯浓度区域分布三维实测设备；分别介绍了两种设备的研发背景、研发思路、设备构成及原理、设备特点及功能以及设备的适用条件及实测方法，从而为实现对通风工作面采空区构筑物漏风情况的实时监测和对采空区高瓦斯浓度区域的空间分布范围的界定提供可靠技术手段。

3 高瓦斯煤层采空区瓦斯分布实测技术及应用研究

3.1 井下采空区构筑物漏风实测

3.1.1 井下构筑物漏风实测装置的测试及数据处理原理

3.1.1.1 数据采集

为了克服现有井下漏风实测技术的不足，基于生产现场实际情况，自主研发了一种简便经济适用的井下构筑物漏风实测装置，该装置主要包括采气盒、密封管、设备固定装置、气体压力测定装置和集气盒；装置中采气盒的长宽高分别为10cm、10cm、2cm，是由厚度为0.5mm的铝合金材料制成的无底空心盒，底面紧贴巷道面，顶面焊接通气管与流量监测装置相连；其中密封管是围绕采气盒一周的矩形管，是宽度2cm、高度2cm、厚度0.5cm的无底空心管。在紧贴煤壁时，上部2个注密封胶孔、下部1个注密封胶孔通过孔向管内注射密封胶实现实测区域与四周隔离；而装置的固定装置焊接于密封管四周，每条边上两个向煤壁上打固定螺丝；气体压力测定装置为U形管气体压力测定仪，且其通过管道与采气盒连接。图3-1所示为井下构筑物漏风实测装置图，其实物图如图2-2（c）所示。

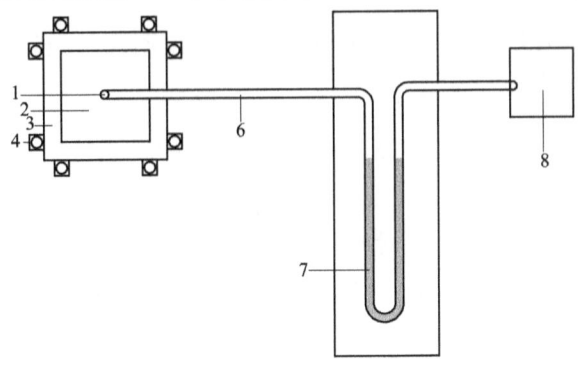

(a)

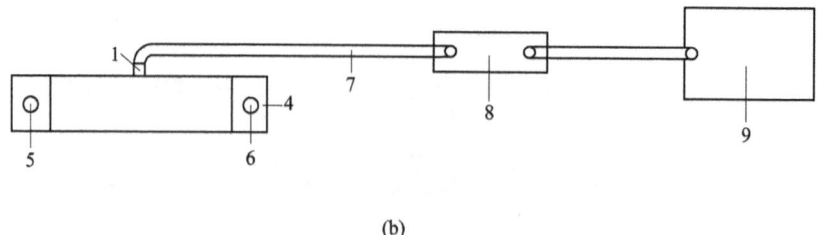

(b)

图 3-1　井下构筑物漏风实测装置图

(a) 正视图；(b) 俯视图

1—通气管；2—采气盒；3—密封管；4—固定装置；5—上 1 注胶孔；
6—上 2 注胶孔；7—软胶管；8—气体压力测定装置；9—集气盒

　　将装置的采气盒固定在井下构筑物巷道壁上且其周围密封固定，采空区中气体通过巷壁上的裂隙涌出到采气盒中，此时装置的采气盒通过软胶管与 U 形管气体压力测定仪相连，这样采空区气体经过采气盒的积聚进入 U 形管气体压力测定仪，记录 U 形管两端液面的变化示数，从而确定构筑物的漏风情况，紧接着将 U 形管气体压力测定仪中液体放掉，使得采空区气体经过 U 形管直接进入集气盒中，最后对集气盒中采空区气体进行检测分析。

3.1.1.2　数据处理

伯努利方程为：

$$p + \rho g h + \frac{1}{2}\rho v^2 = C \tag{3-1}$$

式中，p 为静压，MPa；ρ 为密度，kg/m³；h 为液面高度，m；v 为气体平均流速，m/s；C 为常数。

　　图 3-2 所示为 U 形管气体压力测定仪工作示意图，通过对 U 形管两端采用伯努利方程可得：

$$p + \rho_{气} g h_1 + \frac{1}{2}\rho_{气} v_1^2 = C \tag{3-2}$$

$$p_0 + \rho_{液} g h_2 + \frac{1}{2}\rho_{气} v_2^2 = C \tag{3-3}$$

式中，p 为采空区气体压强，MPa；p_0 为大气压强，MPa；h_1 为左端液面高度，m；h_2 为右端液面高度，m；v_1 为左端气体流速，m/s；v_2 为右端液体速度，m/s；ρ 为密度，kg/m³。

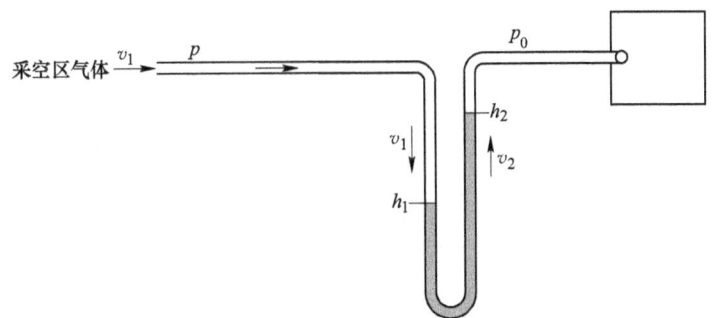

图 3-2 U 形管气体压力测定仪工作示意图

当 U 形管内液体稳定时 v_2 为 0，假设 U 形管内气体流动的整个过程没有能量损失，即初始采空区涌出气体的能量全部转化为使液体上升所具有的能量，因此将式（3-2）和式（3-3）两式联立计算可得：

$$v_1 = \sqrt{\frac{2[(p_0 - p) + g(\rho_{液} h_2 - \rho_{气} h_1)]}{\rho_{气}}} \tag{3-4}$$

通过该装置的 U 形管可以得到采空区侧构筑物巷壁气体涌出口处的压强 p，最后代入伯努利方程（3-4），可计算出采空区气体速度 v_1。

3.1.2 井下采空区构筑物漏风实测装置的工程应用

3.1.2.1 工程背景

本次监测的施工地点为某矿 Y 型通风的采空区侧尾巷内沿空留巷段，该矿主采 3 号煤层基本情况如下：3 号煤层位于山西组下部，下距 9 号煤层 55.72~79.70m，平均 58.04m；煤层厚 4.49~7.17m，平均煤厚为 5.65m。井田内 3 号煤层东厚西薄，含泥岩、碳质泥岩夹矸 0~2 层，一般 1 层，距底板约 0.78m 左右较为稳定（平均厚度 0.30m）。3 号煤层顶板为泥岩、砂质泥岩、粉砂岩，局部为砂岩，底板为黑色泥岩、砂质泥岩，深灰色粉砂岩。该层煤全井田可采，结构简单，厚度变化不大。

3.1.2.2 工作面巷道布置

工作面位于 3 号煤层，巷道沿煤层顶板掘进，布置上进风巷（运输顺槽）、下进风巷（辅助进风巷）、沿空留巷（回风顺槽）、辅助回风巷等。具体巷道规格及支护形式见表 3-1。

表 3-1　巷道规格及支护形式

巷道名称	巷道长度/m	支护形式	用　途
上进风巷	1398	锚杆、锚索+顶、帮网	运煤、进风、行人
下进风巷	1206	锚杆、锚索+顶、帮网	辅助运输、进风、行人
沿空留巷	1402	锚杆、锚索+顶、帮网	回风、行人
辅助回风巷	1412	锚杆、锚索+顶、帮网	回风、行人

3.1.2.3　试验方案及步骤

工作面采空区侧沿空留巷段构筑物漏风实测装置的布置如图 3-3 所示。

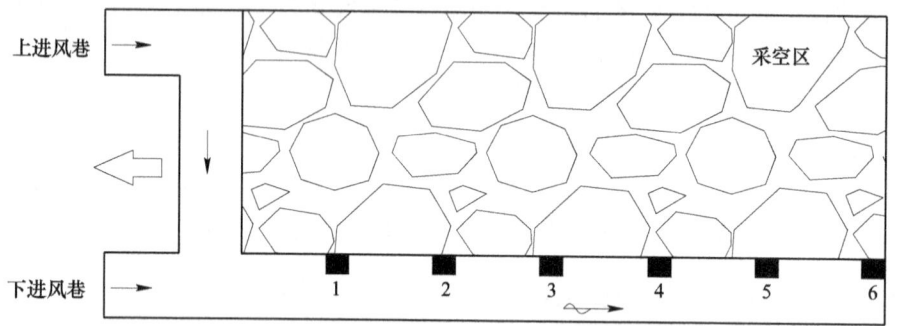

图 3-3　工作面采空区侧沿空留巷段构筑物漏风实测装置布置

从上进风巷流经工作面的风流，在整个工作面范围内都有向采空区漏风的情况，根据质量守恒定律，采空区中的风流一部分会从工作面下隅角重新涌向工作面，另一部分可能会从采空区侧沿空留巷段巷道构筑物中的孔隙流向留巷中，因此将漏风装置沿着采空区侧沿空留巷布置 1 号~6 号监测点，其中 1 号监测点在距离端头支架 20m 位置处布置，两相邻监测点之间相距 20m。通过这些漏风测点进一步监测采空区向留巷的漏风情况，得出采空区侧沿空留巷段的漏风规律。

实测方案如下：

（1）固定设备。结合工作面实际情况，在采空区侧沿空留巷段选取距工作面端头支架 120m 的长度，每间隔 20m 布置一处采气盒。

（2）密封设备。在采气盒周围用结构胶将连接缝隙密封，避免留巷中气体通过连接缝隙进入采气盒中，对监测结果产生干扰。

（3）连接设备。采用软胶管将采气盒出气端与 U 形管气体压力测定仪连接，且保持 U 形管气体压力测定仪中的液体与采气盒出气端口相平。

（4）记录数据。待 U 形管气体压力测定仪中液面稳定时，分别记录每一监测位置处的 U 形管气体压力测定仪上刻度，将数据代入式（3-4），计算出采空区气体速度。

（5）收集气体。待漏风数据记录完全后，将 U 形管气体压力测定仪中的液体取出，使得气体进入收集盒中，采用专门气体成分分析设备得到采空区中瓦斯的浓度分布情况，为采空区瓦斯治理措施提供基础数据。

3.1.3　实测结果处理

3.1.3.1　漏风处风流涌出情况

通过在沿着工作面走向，采用风量检测工具（翼式风表）从上隅角开始每间隔 20m 监测向采空区的漏风情况，得到如图 3-4 所示的工作面涌向采空区漏风风流速图。

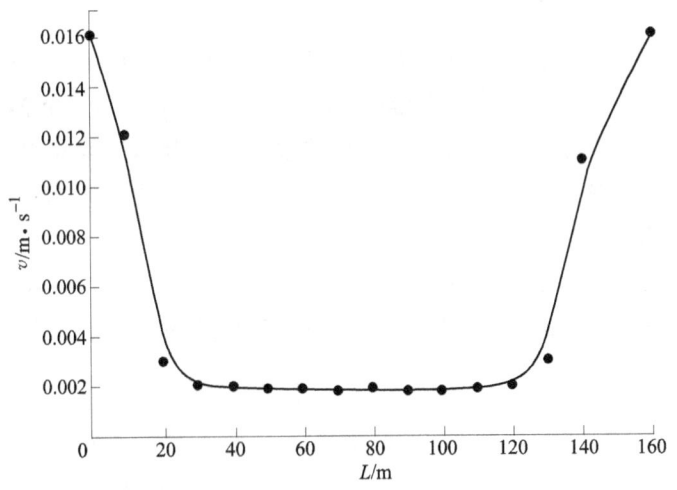

图 3-4　工作面向采空区漏风风流速度图

图 3-5 所示为沿着采空区侧沿空留巷段布置 1 号~6 号漏风监测点，其中 1 号监测点距离端头支架 20m 位置布置，两相邻监测点之间相距 20m。通过实时地记录漏风装置内 U 形管压力测定仪内左右液体的变化刻度，采用式（3-4）可计算出采空区气体的涌出速度，得到图 3-5 所示采空区向沿空留巷段漏风风流速度图。

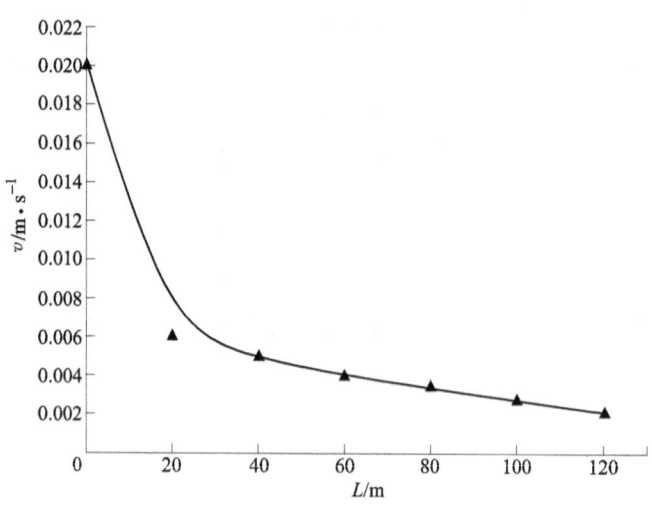

图 3-5　采空区向沿空留巷段漏风风流速度图

3.1.3.2　漏风处瓦斯涌出情况

由于采空区中赋存着大量的瓦斯，在工作面风流涌向采空区时，与赋存的瓦斯混合，一部分混杂着瓦斯的风流通过工作面下隅角可能涌向工作面，另一部分风流可能就从采空区侧沿空留巷段涌向留巷内，因此为了进一步监测漏风流中瓦斯浓度，采用该留巷构筑物漏风实测装置，通过将 U 形管内液体取出，使得采空区涌出气体通过 U 形管直接进入集气盒，最后就可以采用传统的瓦斯浓度测量装置，在该集气装置内直接测量，避免外部留巷内气体干扰。图 3-6 所示为采空区向沿空留巷漏风流中瓦斯浓度实测装置布置图，图 3-7 所示为采空区向沿空留巷段漏风流中瓦斯浓度图。

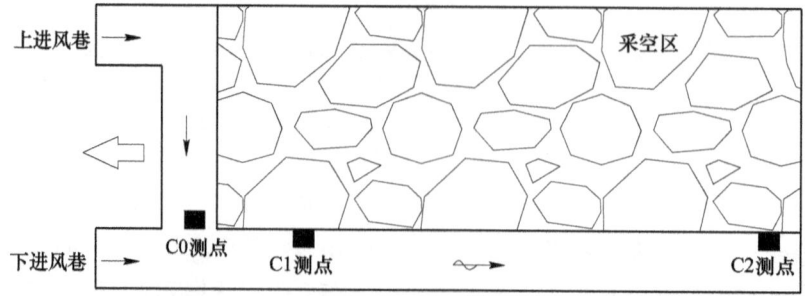

图 3-6　采空区向沿空留巷段漏风流中瓦斯浓度实测装置布置图
（C0 测点采用瓦检仪进行监测，C1 和 C2 测点采用漏风实测装置进行监测）

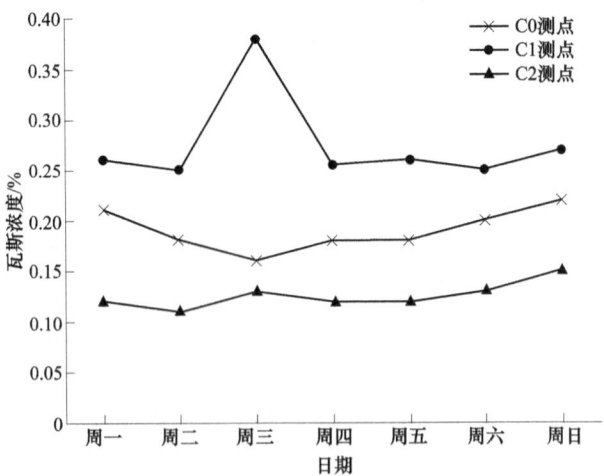

图 3-7 采空区向沿空留巷段漏风流中瓦斯浓度图

3.1.4 实测结果分析

（1）根据图 3-4 可以看出，在工作面端头漏风速度发生了急速改变，之后一段距离内基本保持稳定，但在靠近工作面末端位置时，漏风速度又急速发生改变。分析发生上述现象的原因，可能是由于风流在工作面的上下进风口位置（上下隅角位置）风流方向发生突变，加上其他方向风流的扰动，形成了一个风流涡区，风流涡区的存在可能对漏风产生影响。通过对速度曲线进行积分可以得出工作面不同位置的漏风量，通过计算得出，距离工作面上隅角 0~20m 位置的漏风量约为总漏风量的 35% 左右，距离工作面上隅角 140~160m 位置的漏风量约为总漏风量的 40% 左右。

（2）根据图 3-5 可以看出，在沿着采空区走向方向上随着监测距离长度增加，采空区侧漏风速度曲线近似呈"L"形下降，且在 0~20m 内漏风速度急速下降，30~120m 内漏风速度下降的趋势有所减弱，通过对漏风速度曲线进行积分可得出漏风量随着距离增加在减小。分析发生上述现象的原因，可能是由于距离工作面液压支架越远，采空区的压实程度越高，其向留巷漏风风流受到的阻碍作用越高，因此风速越小。

（3）图 3-6 所示为沿空留巷内瓦斯浓度监测位置布置图，其中对采空区侧沿空留巷内 C1、C2 两点采用漏风实测装置进行监测，对于 C0 点采用瓦检仪进行监测，得到如图 3-7 所示两监测点瓦斯浓度图。从图 3-7 中可知，C0 监测点瓦斯浓度介于 C1、C2 两监测点瓦斯浓度之间，而 C0、C2 监测点的瓦斯浓度都低于 C1 监测点的瓦斯浓度。分析发生上述现象的原因,可能是由于 C0 监测点的瓦斯浓度是处于工作面与液压支架之间位置的瓦斯浓度,其瓦斯来源一部分包括工作面涌出瓦斯,另一部分包括采空区通过漏风流涌出的瓦斯;而 C1 监测点的瓦斯浓度是位于距离工作面 20m 位置的瓦斯浓度,其瓦斯来源一部分是采空区遗煤中涌出的瓦斯,另一部分是工作面涌出瓦斯通过漏风流进入采空区中的,由于 C2 监测点位置采空区压实程度比较高,其瓦斯来源基本为采空区遗煤涌出瓦斯。

(4) 采用 Y 型通风的通风方式,显然工作面隅角瓦斯浓度超限现象得到了有效的遏制,保证了工作面的安全生产,但是从图 3-7 可以看出 C0 的瓦斯浓度小于 C1 处的瓦斯浓度,工作面上隅角瓦斯浓度超限问题并没有从真正意义上得到解决,而是转移至采空区上隅角位置,工作面与采空区之间的漏风流增加了采空区的氧气浓度,为采空区发生瓦斯爆炸(遗煤自燃)提供了氧气条件,当采空区顶板垮落时,矸石间相互摩擦出的火花可能会造成采空区的瓦斯爆炸事故。

3.1.5　采空区漏风范围

采空区的漏风范围可通过图 3-4 看出,在距工作面端头 0～20m 的位置,上进风巷的大量风流涌向采空区,而在距工作面 140～160m 的位置采空区中风流通过漏风流涌向工作面下隅角位置,大致风流流线如图 3-8 中①、②所示;由图 3-5 可以看出在采空区走向方向距离工作面端头支架 0～20m 位置漏风速度急速下降,在 30～120m 内漏风速度下降的趋势有所减弱,大致风流流线如图 3-8 中③、④、⑤所示。因此,通过图 3-4 和图 3-5 可以判断出采空区沿空留巷漏风范围,其漏风可以分为 3 个区域,即 0～20m 为风速涡流区、20～100m 为风速过渡区、100～120m 为风速稳定区,如图 3-8 所示。

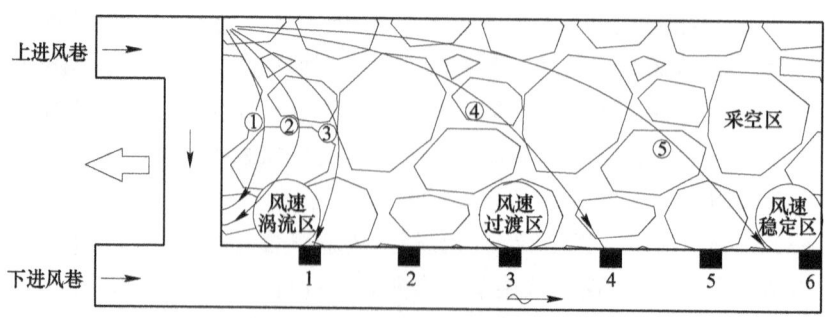

图 3-8　采空区漏风范围分布示意图

3.2　综放开采 Y 型通风采场流场及瓦斯分布规律研究

3.2.1　工程背景

选取上述该矿综放开采 Y 型通风工作面作监测对象。该工作面位于 3 号煤层，煤层平均倾角为 7°，该工作面地质构造简单，整体呈单斜构造，煤层倾向整体为西高东低。采空区采用全部垮落法管理顶板，煤层顶板属于较易垮落的顶板，可随采随冒，不需进行人工强制放顶。

工作面通风方式采用"两进一回"的 Y 型通风方式，即运输顺槽和辅助进风顺槽进风，进风顺槽沿空留巷回风，其中运输顺槽为主进风巷，在进风巷采空区段进行沿空留巷，作为回风巷。沿空留巷采用分段沿空留巷，每隔85m 左右布设一个分段，在沿空留巷段靠近采空区侧设置柔模混凝土墙支护，同时采用锚索对进风巷顶板进行永久加强支护，高压喷射注浆加固底板。工作面煤层经本煤层抽采后瓦斯含量为 $7.77m^3/t$，煤层不易自燃，煤尘具有爆炸危险性。

3.2.2　采场流场及瓦斯分布监测方案

为了更系统全面地监测综放 Y 型通风工作面流场及瓦斯分布规律，分别在运输顺槽、辅助进风顺槽、工作面、沿空留巷不同区域内设置多个监测面，每个监测面根据不同情况设置多个监测点，在检修班和工作班分别监测每个监测点的风速和瓦斯浓度，将每个监测面、监测点数据联系起来，然后借助MATLAB 通过插值函数将整个采场空间的流场和瓦斯浓度区域分布规律进行重构，从而得到整个采场在三维空间上的流场和瓦斯分布规律。具体布置方案如下：

（1）分别在运输顺槽、辅助进风顺槽、工作面和沿空留巷内均匀划分出若干断面作为监测面，各监测面布置示意图如图 3-9 所示。

（2）运输顺槽与辅助进风顺槽：运输顺槽和辅助进风巷分别设 3 个监测面，分别为超前支护前 15m 处、超前支护处、距工作面 10m 处；每个监测面按空间位置不同均分为 9 个区域，每个区域设置 1 个监测点，各监测点布置示意图如图 3-10 所示。

（3）工作面：工作面共设置了 6 个监测面，分别为靠近辅助进风巷处（液压支架 10 架）、液压支架 42 架处、液压支架 73 架处（采煤机后）、液

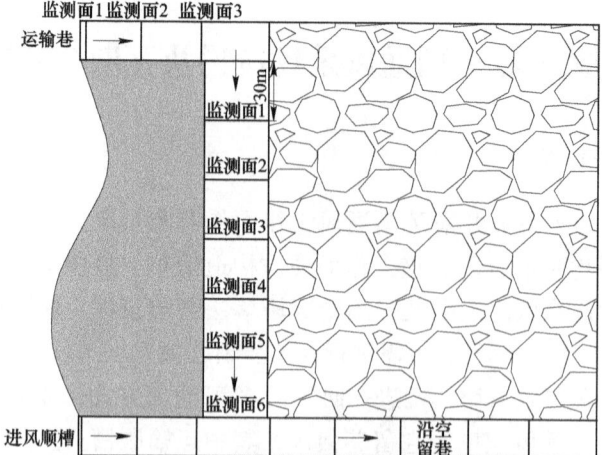

图 3-9　各监测面布置示意图

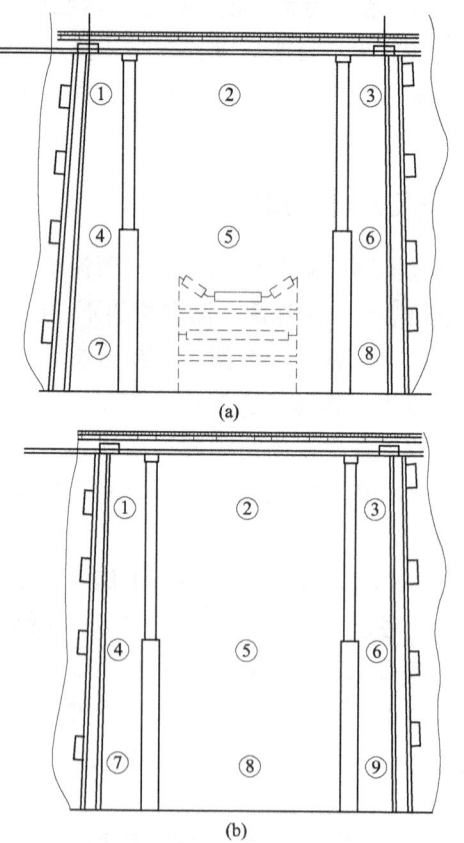

图 3-10　监测面内监测点布置示意图

（a）运输顺槽；（b）辅助进风顺槽

压支架104架处（采煤机前）、液压支架135架处、靠近运输顺槽处（液压支架166架），按空间位置不同均分为9个区域，每个区域设置1个监测点，各测点布置示意图如图3-11所示。

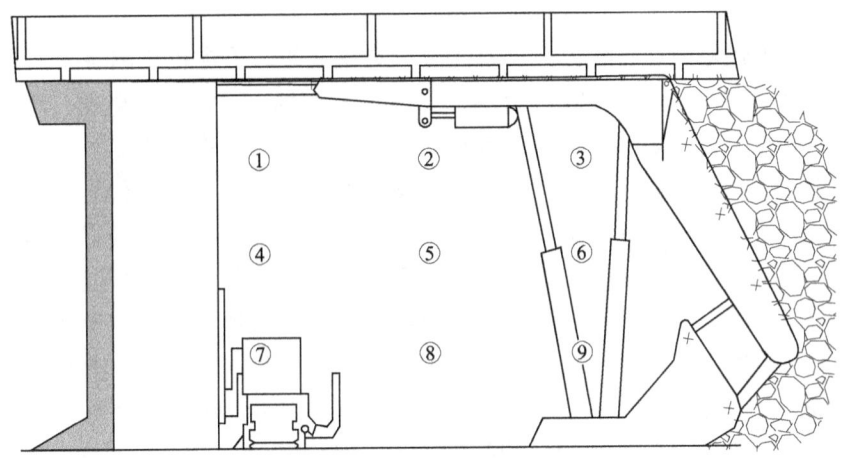

图 3-11 工作面各监测面内监测点布置示意图

（4）沿空留巷：从工作面与沿空留巷的交叉处开始布设第一个监测面，每隔10m布设一个监测面，共布设5个监测面；每个监测面按一定区域进行等分，化为15个小区域，每个区域布置1个监测点，各测点布置示意图如图3-12所示。

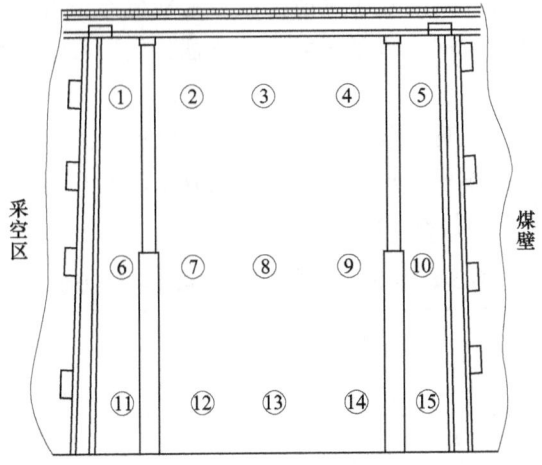

图 3-12 沿空留巷各监测面内监测点布置示意图

3.2.3　采场流场及瓦斯浓度空间分布规律

3.2.3.1　基于 MATLAB 的采场流场及瓦斯浓度空间分布三维可视化重构方法

根据上述监测点布置方案，每天分别在检修班、采煤班监测各个监测点的风速和瓦斯浓度，连续监测 15 天，收集所得数据，进行分类整理，然后把每个监测点、监测面的数据在三维空间上联系起来，以获得整个采场在三维空间上的流场和瓦斯分布规律。要准确反映整个采场空间流场和瓦斯的三维分布特征，需要在采场巷道内布设密集的监测点，获得大量的测定数据。而在煤矿现场，尤其在综采工作面，由于受到井下工作环境、监测设备、施工安全等条件的限制，进行大量密集的监测数据是很难实现的。鉴于此，可通过在现场设置多组具有代表性的监测点，基于各监测点所监测的参数，借助MATLAB 数值分析软件进行插值拟合，并将其三维可视化，从而更直观地获得整个采场巷道内不同区域的流场和瓦斯浓度分布规律。

3.2.3.2　进风巷流场及瓦斯浓度空间分布规律

A　左、右进风巷流场空间分布特征

回采工作面采用综放开采分段留巷 Y 型通风，运输顺槽和辅进配风巷双巷进风，辅进配风巷与留巷直接相连，位于工作面右侧，称为右进风巷；运输顺槽位于工作面左侧，称为左进风巷。采场的通风情况直接受进风巷的影响，故着重分析左右进风巷的通风情况以及瓦斯分布情况。首先从巷道的断面分析，再利用已有数据，结合瓦斯流动特征，重构巷道内部不同位置瓦斯空间分布情况。

对左右进风巷内瓦斯分布情况及风场分布情况进行实测，选取左右进风巷靠近工作面 10m 处断面，对检修时和开机开采时的瓦斯及风速数据进行分析。实测数据见表 3-2 和表 3-3。

表 3-2　右进风巷断面内各测点瓦斯与风速

右进风巷断面测点	停采检修		正常开机	
	风速/m · s^{-1}	瓦斯浓度/%	风速/m · s^{-1}	瓦斯浓度/%
1	0.8	0.03	0.8	0.03
2	0.6	0.04	0.8	0.03

右进风巷断面测点	停采检修		正常开机	
	风速/m·s⁻¹	瓦斯浓度/%	风速/m·s⁻¹	瓦斯浓度/%
3	0.7	0.03	1	0.03
4	1	0.03	0.8	0.03
5	1.2	0.03	0.8	0.04
6	1	0.03	0.7	0.04
7	0.8	0.03	0.8	0.04
8	0.8	0.03	0.9	0.04
9	0.8	0.03	0.6	0.04

表 3-3　左进风巷断面内各测点瓦斯与风速

左进风巷断面测点	停采检修		正常开机	
	风速/m·s⁻¹	瓦斯浓度/%	风速/m·s⁻¹	瓦斯浓度/%
1	1.7	0.03	2.1	0.02
2	2.3	0.03	2.4	0.02
3	1.6	0.03	2.2	0.02
4	1.8	0.03	1.6	0.03
5	1.8	0.04	2	0.02
6	2	0.03	1.7	0.02
7	1	0.03	1	0.04
8	1.2	0.04	1.4	0.02
9	1	0.03	0.9	0.02

由表可知，进风巷瓦斯分布均匀，且浓度在 0.03% 附近，正常开机开采和停采检修对进风巷内瓦斯基本无影响，故认为由开采工作致使工作面瓦斯逸出至进风巷内影响甚小，无需考虑。

　　对右进风巷内风场进行可视化分析，利用 MATLAB 软件可得风场分布图如图 3-13 所示。

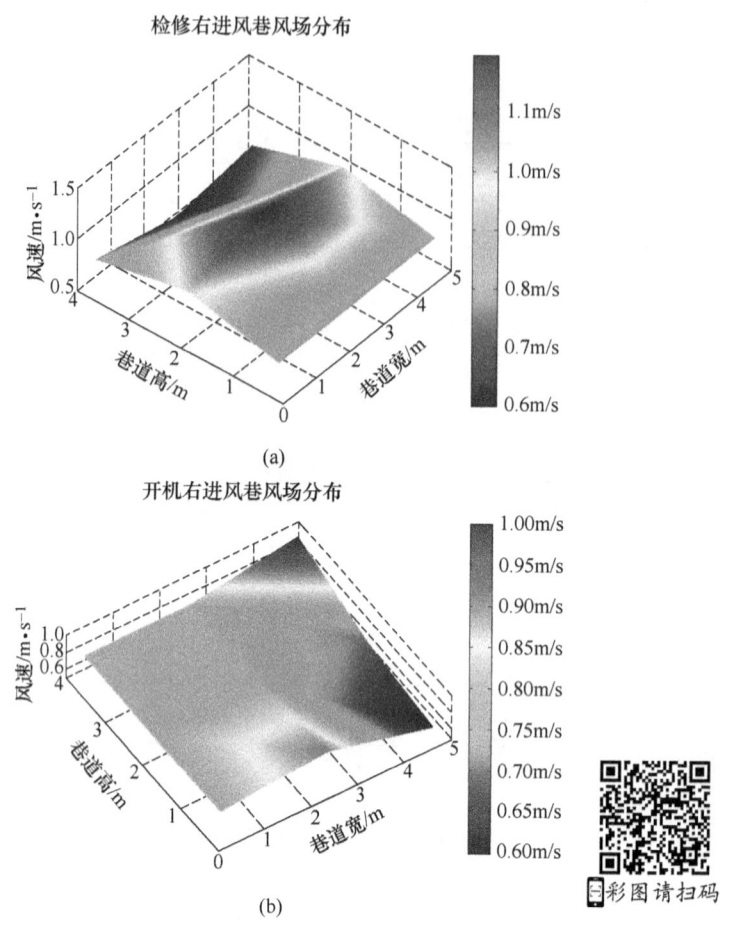

图 3-13　右进风巷风场分布三维云图

（a）检修右进风巷风场分布；（b）开机右进风巷风场分布

　　从右进风巷距离工作面 10m 处的断面上能够看出，开机与检修时风场的变化不大，且分布规律大致相同，对瓦斯分布影响很小。风场的变化主要因素为巷道随工作面推进，巷道断面发生了变化以及工作状态不同，配风量略有调整。

　　对左进风巷内风场进行可视化分析，利用 MATLAB 软件可得风场分布图，如图 3-14 所示。

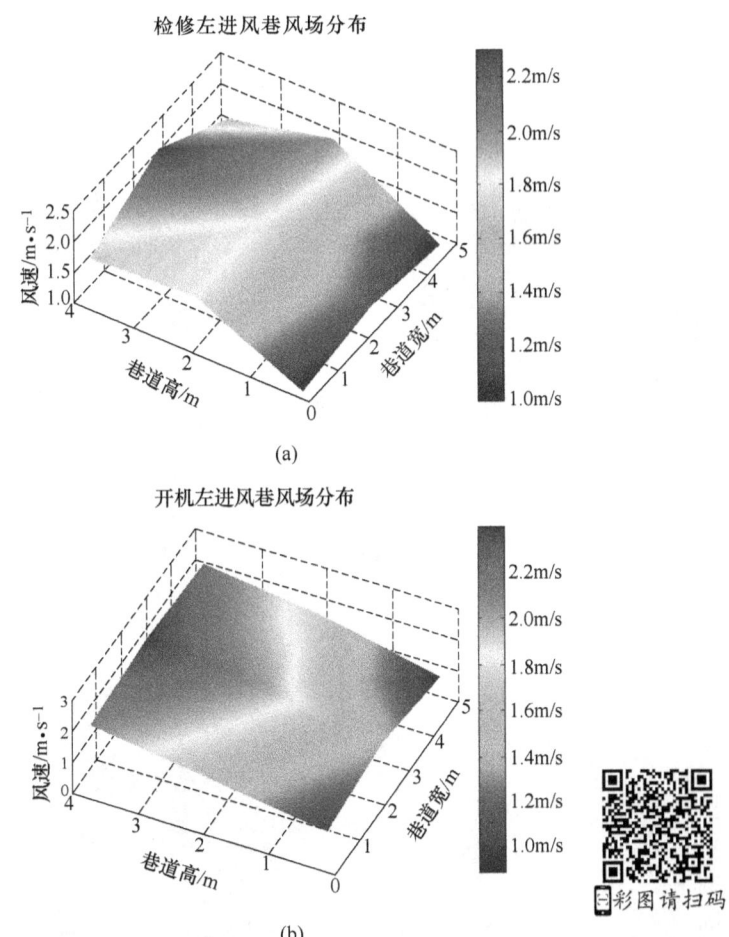

图 3-14 左进风巷风场分布三维云图

（a）检修左进风巷风场分布；（b）开机左进风巷风场分布

从图 3-14 可以看出左进风巷风场分布情况，开机时与检修时巷道风速变化不明显，且巷道上部风速较大，巷道底部风速较小。结合瓦斯分布情况可以得出，风速的变化对左进风巷内的瓦斯影响较小。风场的变化主要因素为巷道随工作面推进，巷道断面发生了变化以及工作状态不同，配风量略有调整。

分别以巷道截面宽、高和巷道走向长度为空间坐标轴，在检修班和工作班两种不同工况情况下，对运输顺槽和辅助进风顺槽内各监测点所测风速进行三维重构，借助 MATLAB 数值分析软件进行插值拟合，将其三维可

视化，得到工作面前方 40m 范围巷道内的流场空间分布情况，如图 3-15
所示。

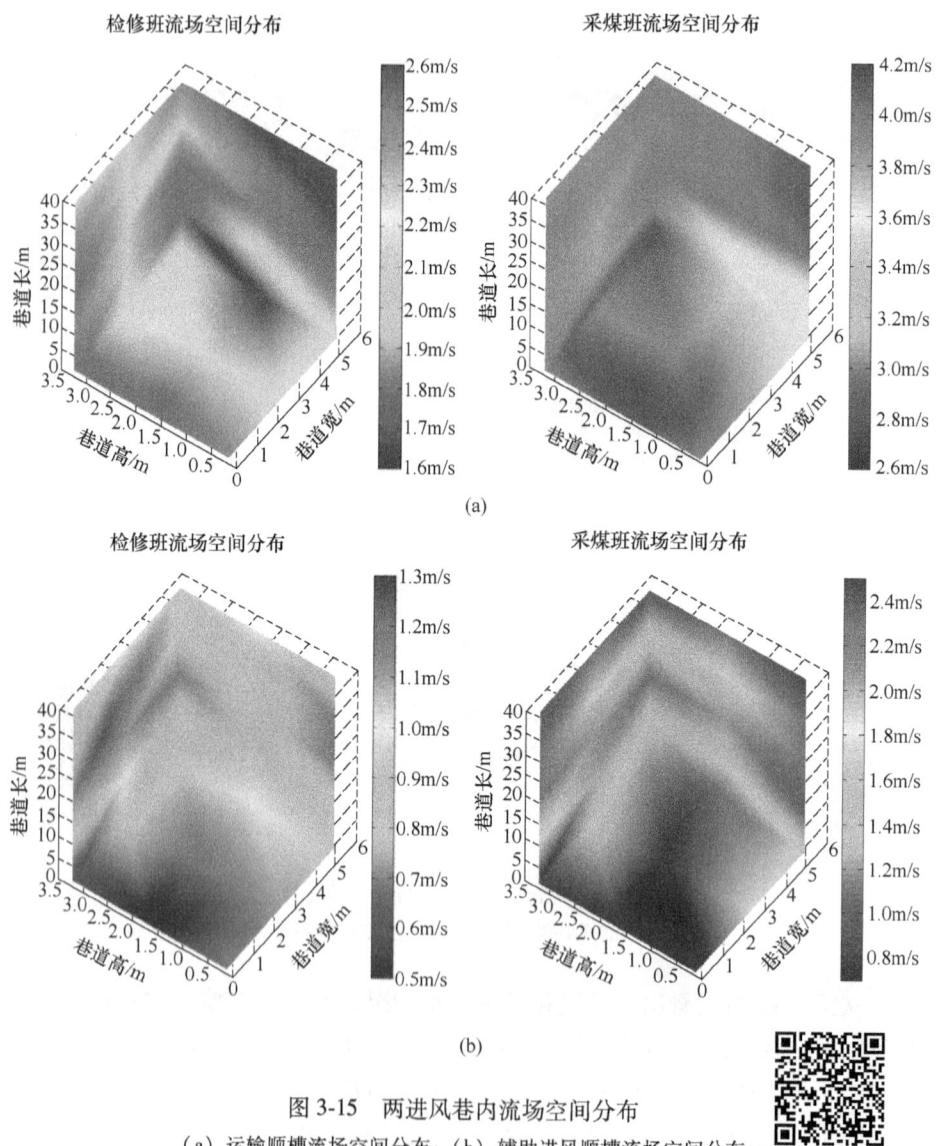

图 3-15　两进风巷内流场空间分布
（a）运输顺槽流场空间分布；（b）辅助进风顺槽流场空间分布

由图 3-15 可知，风流由运输顺槽进入工作面前风速变化不大，在进入工
作面断面处风速会发生局部明显增大或变小，表现为运输顺槽向工作面拐角
内角（运输顺槽监测面 3 内的①、④、⑦监测点区域）风速减小，而拐角外

角处（监测面 3 内的③、⑥、⑨监测点区域）风速增大，这主要是由于风流在该处方向发生 90°转弯；辅助进风巷内的风流在进入工作面截面位置与工作面流出的乏风汇合，汇合断面处风流局部波动明显，辅助进风顺槽监测面 3 内的①、④、⑦监测点区域风速明显减小，而⑤、⑥、⑨监测点区域风速明显增大。采煤与检修两种工况对运输顺槽和辅助进风顺槽内流场形态的影响不大，且分布规律大致相同，但由于采煤班时增大了主进风巷的风速，因此采煤班时运输顺槽内的风速整体大于检修班。

B 左右进风巷瓦斯空间分布特征

两进一回 Y 型通风方式与传统 U 型通风方式不同，左进风巷所进的风经过工作面和右进风巷进的风在上隅角处混合共同进入留巷内。双进风巷内的瓦斯浓度在一定情况下影响工作面以及留巷的瓦斯分布，左右进风巷的瓦斯来源主要是巷道壁瓦斯逸出，而工作面在之前经过预抽采，瓦斯涌出量相对较小，所以进风巷内瓦斯浓度较小。

在两种工作情况下，两个进风巷内配风量有所不同，其瓦斯分布也略有不同。分别以巷道截面高、宽和巷道走向长度为空间坐标轴，在检修班和工作班两种不同工况情况下，对运输顺槽和辅助进风顺槽内各监测点所测瓦斯浓度进行三维重构，借助 MATLAB 数值分析软件进行插值拟合，将其三维可视化，得到工作面前方 40m 范围巷道内的瓦斯分布情况，如图 3-16 所示。

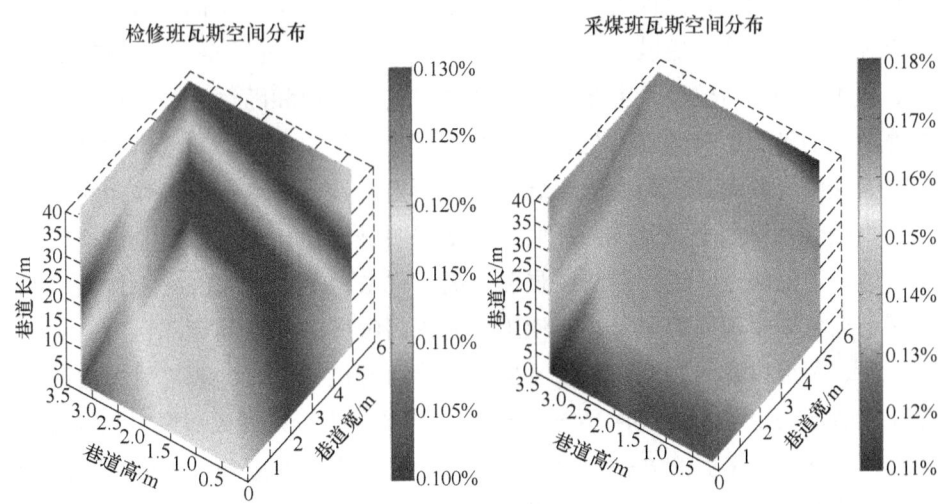

(a)

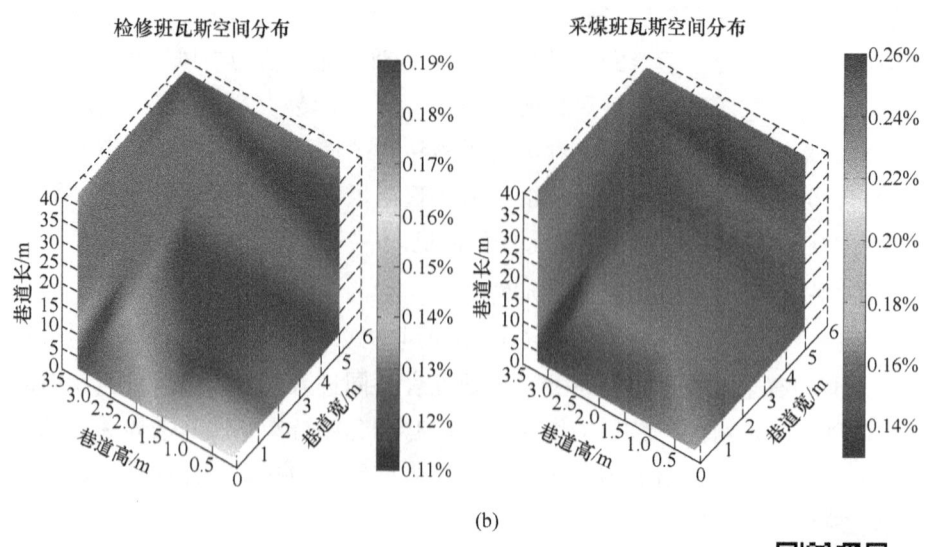

检修班瓦斯空间分布   采煤班瓦斯空间分布

(b)

图 3-16   两进风巷内瓦斯空间分布
（a）运输顺槽瓦斯空间分布；（b）辅助进风顺槽瓦斯空间分布

彩图请扫码

由图 3-16 可知，工作面前方 40m 范围内运输顺槽与辅助进风顺槽内的瓦斯浓度均较低，约为 0.04%，且分布比较均匀。在靠近工作面的位置，局部空间内瓦斯浓度有聚集，但仅出现在开机时候，主要是由于采煤机正常工作时落煤有瓦斯涌出，虽然逆风仍有瓦斯向外涌出现象。在左进风巷（运输进风巷）内，出现局部瓦斯较高，主要是为配合超前支护架设和随后进刀方便而人工拓宽巷道的施工，有落煤产生，随之瓦斯涌出。除此之外，左进风巷破碎机位置瓦斯浓度较高，也是由落煤破碎时瓦斯涌出造成的。在与工作面煤壁平行断面处（两顺槽监测面 3）瓦斯浓度出现明显波动，表现为两监测面内的①、④、⑦监测点区域瓦斯浓度显著升高，这主要是由于风流在工作面与两进风巷交汇处出现局部涡流，致使工作面内高浓度的瓦斯涌至该区域。不同工况下，两进风巷内的瓦斯浓度不同；工作面开机揭煤时，两进风巷内的瓦斯浓度普遍高于停采检修时 15%～25%，这主要是由于采煤机揭煤引起采动应力发生变化，工作面前方一定范围的煤体受采动应力的影响，煤体内裂隙发育，使原本封存在煤体内的瓦斯涌入两进风巷和工作面，导致采掘空间内瓦斯浓度升高。

3.2.3.3 工作面流场及瓦斯浓度空间分布规律

A 工作面流场空间分布特征

工作面流场空间分布情况既与双巷进风的风压差有关，同时也与工作面生产情况有关，正常开机时与停机检修时需风量不同，因此流场分布情况不一致。分别以工作面截面高、宽和倾斜长度为空间坐标轴，在检修班和工作班两种不同工况情况下，对工作面内各监测点所测风速进行三维重构，得到整个工作面内的流场分布情况，如图 3-17（a）所示。图 3-17（b）所示为采煤班工作面两端头拐角处断面（工作面监测面 1、6 处）流场分布。

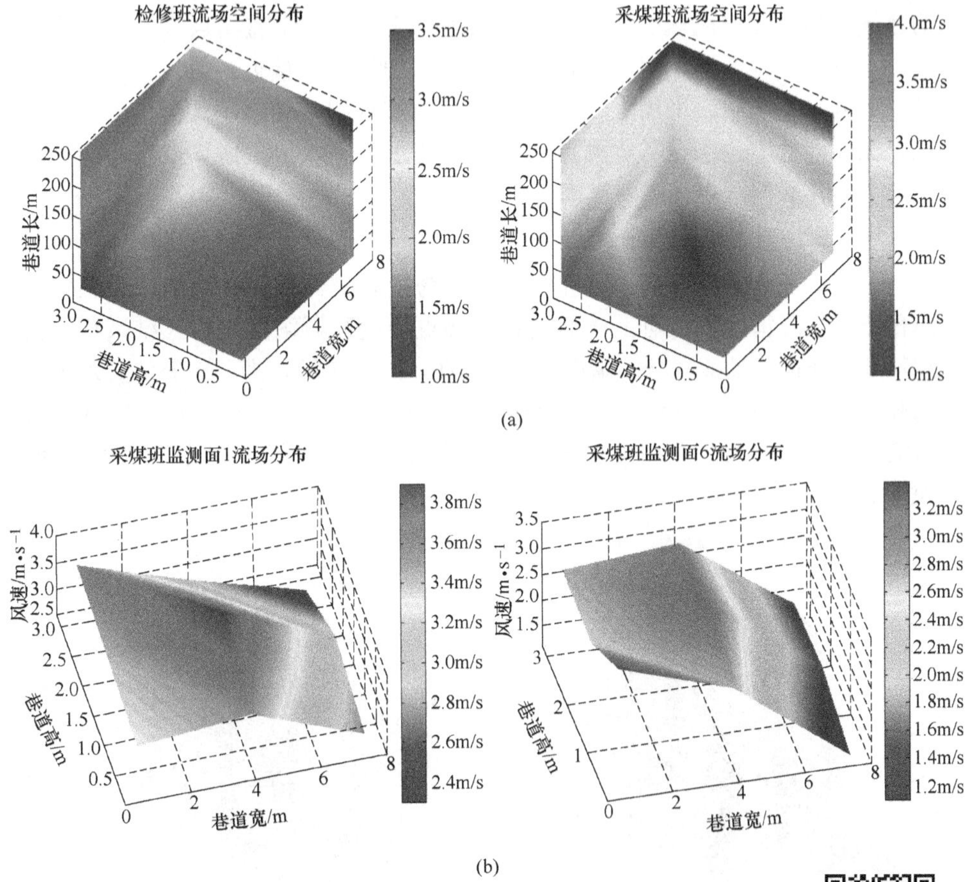

(a)

(b)

图 3-17 工作面内流场空间分布

（a）工作面流场空间整体分布；（b）工作面两端头处断面流场分布

彩图请扫码

　　由图3-17可知，新鲜风流由运输顺槽进入工作面后风速呈现先减小后增大的变化规律，其中各监测面中靠近采空区的③、⑥、⑨监测点区域变化尤为显著，这主要是由于风流刚进入工作面后由③、⑥、⑨监测点区域向采空区漏风，而在工作面靠近辅助进风顺槽的后半段（工作面中监测面④、⑤、⑥位置），漏进采空区的风流部分重新进入工作面与工作面内的风流汇合，导致风流进入工作面后呈现先减小后增大的规律，但整体上风流在刚进入工作面截面处（监测面1）大于工作面后半段截面处（监测面5）。对于工作面截面内（监测面）不同监测点的风速变化，由于受工作面机械设备、构筑物和漏风的影响，不同监测点区域风速差别较大，整体表现为②、④、⑤监测点区域风速较大，⑥、⑧、⑨监测点区域风速较小。考察工作面内不同监测面的相同监测点区域风速变化，各监测面内的①、④、⑦监测点区域风速变化最小，且该部分区域风速与工作面断面的平均风速最接近；另外，工作面巷道断面非常不规则，采用走线测风法十分困难且测试结果不准确，因此，可在监测面内的①、④、⑦监测点区域测风速求其平均值，估算工作面的平均风速和工作面向采空区的漏风率。

　　B　工作面瓦斯空间分布特征

　　分别以工作面截面高、宽和倾斜长度为空间坐标轴，在检修班和工作班两种不同工况情况下，对工作面内各监测点所测瓦斯浓度进行三维重构，得到整个工作面内的流场分布情况，如图3-18（a）所示。为了更清楚直观地得到开机时工作面初始断面与尾部断面（工作面监测面1、6处）的瓦斯浓度分布情况，分别对两监测面处各监测点区域瓦斯浓度进行了三维可视化处理，如图3-18（b）所示。

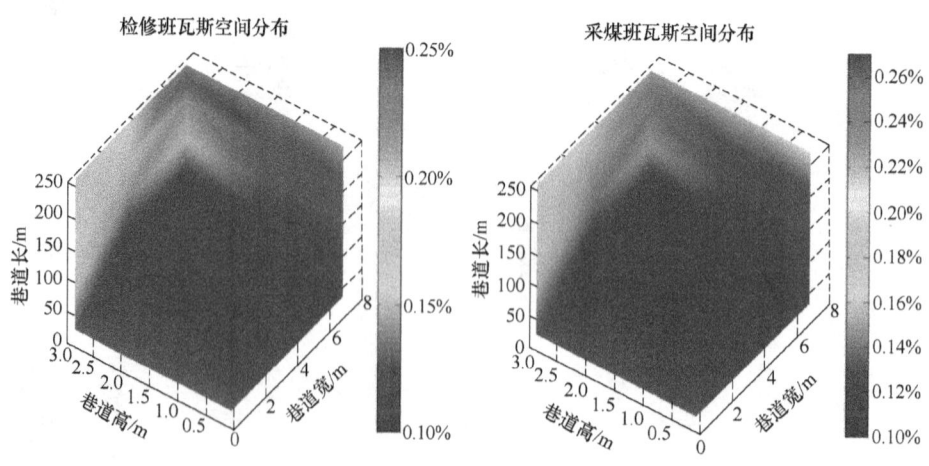

(a)

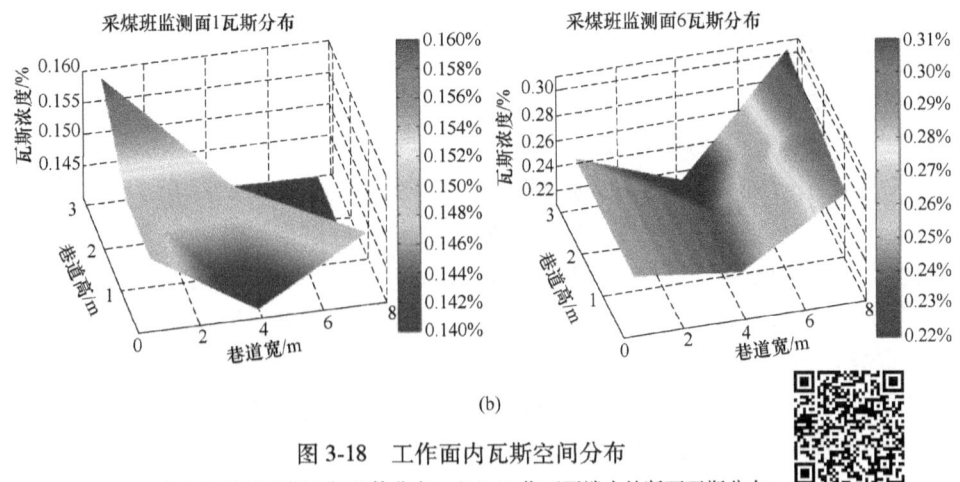

(b)

图 3-18 工作面内瓦斯空间分布

（a）工作面瓦斯空间整体分布；（b）工作面两端头处断面瓦斯分布

彩图请扫码

由图 3-18 可知，放顶煤工作面内瓦斯的来源主要有工作面煤壁涌出的瓦斯、放落顶煤涌出的瓦斯和采空区遗煤涌出的瓦斯。新鲜风流从运输顺槽进入工作面时瓦斯浓度较低，进入工作面后瓦斯浓度升高，从工作面监测面 1至监测面 6 瓦斯浓度呈现逐渐升高的趋势，且从监测面 1~4 瓦斯浓度升高较慢，由监测面 4~6 瓦斯浓度升高较快。这主要是由于工作面煤壁和落煤中的瓦斯涌入工作面，且在工作面前半段（监测面 1~4）工作面风流漏入采空区，在后半段（监测面 4~6）采空区高浓度的瓦斯也随风流部分涌入工作面。对于监测面内的不同监测点，①、④、⑦监测点区域的瓦斯浓度高于其他监测点区域，且工作面上部空间区域（①、②、③监测点区域）瓦斯浓度普遍高于下部（⑦、⑧、⑨监测点区域），这是由于工作面煤壁涌出瓦斯且瓦斯密度小于空气，易在上部空间集聚造成的。Y 型通风工作面上隅角位置瓦斯浓度不高，使上隅角瓦斯随辅助进风顺槽风流一起流入沿空留巷，则上隅角瓦斯集聚的现象可以得到很好的解决。开机时工作面瓦斯浓度明显高于检修时，且在采煤机后（靠近沿空留巷侧）瓦斯浓度显著升高，这主要是由于采煤时煤壁和顶煤落煤中的大量瓦斯涌入工作面，随风流一起流向沿空留巷，导致采煤机后方工作面瓦斯浓度骤然升高。

工作面内瓦斯浓度分布规律较为明显，靠近采空区一侧，瓦斯浓度较大；靠近顶板的上部空间内瓦斯浓度较大；采煤机位置前后（沿着风流流向），瓦斯浓度差异较大。工作面采场空间瓦斯来源主要是落煤、前方煤壁、采空区瓦斯逸出等，瓦斯流向是沿着风向，且在靠近回风巷的位置由于前方瓦斯累积瓦斯浓度明显高于靠近运输巷的起始段。工作面采场内瓦斯分布规律还需与采场内风场分布情况结合分析，后者是影响瓦斯流动的主要因素，与瓦斯分布规律密不可分。两进一回 Y 型通风系统是通风治理工作面瓦斯、配合无煤柱开采最有效的通风系统之一，其效果还取决于采场风场及瓦斯分布规律。该系统瓦斯流线是经过采空区指向回风巷，即主风流一部分沿着工作面经采空区流入回风巷，从而导致采空区瓦斯浓度分布为沿走向靠近采空区内部瓦斯较大，沿倾向靠近采空区的瓦斯浓度较大，即瓦斯浓度梯度方向与流线方向基本一致，因此在压差及浓度梯度的共同作用下，采空区瓦斯较均匀地直接流向沿空回风巷，使工作面瓦斯浓度降低，也可避免出现采空区瓦斯集中涌向工作面上隅角，经常引起工作面上隅角瓦斯超限，严重影响正常生产，使工作面经常处于不安全状态。

3.2.3.4　留巷段流场及瓦斯浓度空间分布规律

首先选取留巷段的 3 个经典断面分析其流场分布规律，3 个断面分别为留巷开始断面、留巷中部断面、留巷尾部断面。首先针对 3 个断面在正常开机开采时和停采检修时的瓦斯浓度与风速情况，分别分析总结规律；再利用留巷段内测点数据结合瓦斯流动特性规律，在检修班和工作班两种不同工况情况下，对留巷段内各监测点所测瓦斯浓度进行三维重构，借助 MATLAB 数值分析软件进行插值拟合，将整个留巷段的流场和瓦斯分布情况三维可视化，以直观显示出留巷段流场及瓦斯浓度空间分布规律。

分别取留巷开始断面、留巷中部断面、留巷尾部断面在正常开采条件与停采检修时的瓦斯浓度和流场分布情况进行对比分析，具体数据见表 3-4~表 3-6。

表 3-4　巷道断面内各测点风速与瓦斯

断面测点	停采检修		正常开机	
	风速/m·s^{-1}	瓦斯浓度/%	风速/m·s^{-1}	瓦斯浓度/%
1	1.7	0.24	1.7	0.05
2	2	0.3	2	0.38
3	2	0.42	1.7	0.45
4	2.1	0.39	2.2	0.44
5	1.6	0.42	2.4	0.46

断面测点	停采检修		正常开机	
	风速/m·s⁻¹	瓦斯浓度/%	风速/m·s⁻¹	瓦斯浓度/%
6	1.7	0.02	1.1	0.03
7	2.2	0.1	2	0.03
8	2.2	0.2	2.1	0.24
9	2.1	0.31	1.7	0.31
10	2	0.42	1.6	0.33
11	2	0.02	0.8	0.03
12	1	0.02	1	0.03
13	1	0.03	1	0.03
14	0.8	0.17	1.1	0.21
15	0.5	0.17	0.8	0.4

表 3-5　巷道断面内各测点风速与瓦斯

断面测点	停采检修		正常开机	
	风速/m·s⁻¹	瓦斯浓度/%	风速/m·s⁻¹	瓦斯浓度/%
1	4.6	0.28	4.0	0.34
2	4.4	0.34	4.5	0.32
3	5.6	0.33	4.7	0.35
4	3.1	0.38	3.7	0.4
5	1.6	0.38	4.7	0.41
6	5	0.26	5.6	0.25
7	5.2	0.18	4.9	0.25
8	4.9	0.34	5.4	0.29
9	3.1	0.38	5.1	0.33
10	3.1	0.39	2.5	0.41

续表 3-5

断面测点	停采检修		正常开机	
	风速/m·s⁻¹	瓦斯浓度/%	风速/m·s⁻¹	瓦斯浓度/%
11	3.5	0.12	2.1	0.18
12	4.3	0.13	2.4	0.1
13	2.2	0.27	2.1	0.38
14	1.7	0.38	2.4	0.41
15	1.6	0.38	2.6	0.41

表 3-6　巷道断面内各测点风速与瓦斯

断面测点	停采检修		正常开机	
	风速/m·s⁻¹	瓦斯浓度/%	风速/m·s⁻¹	瓦斯浓度/%
1	6.3	0.13	11.2	0.32
2	6.3	0.14	10.6	0.34
3	8.6	0.17	10.1	0.37
4	7.8	0.19	9	0.36
5	6.6	0.24	6	0.36
6	7	0.13	11.4	0.31
7	7.9	0.12	10.4	0.31
8	8.4	0.16	11	0.32
9	6.9	0.17	9.3	0.32
10	7.9	0.18	10	0.34
11	5.6	0.07	11	0.3
12	6.9	0.09	10	0.3
13	7.4	0.13	9.5	0.31
14	6.3	0.17	9.4	0.33
15	7.2	0.18	8.1	0.34

A　留巷段流场空间分布特征

根据测点数据，利用 MATLAB 软件，分别在检修和开机两种工况下，将留巷开始断面、留巷中部断面、留巷尾部断面内流场分布情况的数据可视化，如图 3-19~图 3-21 所示。

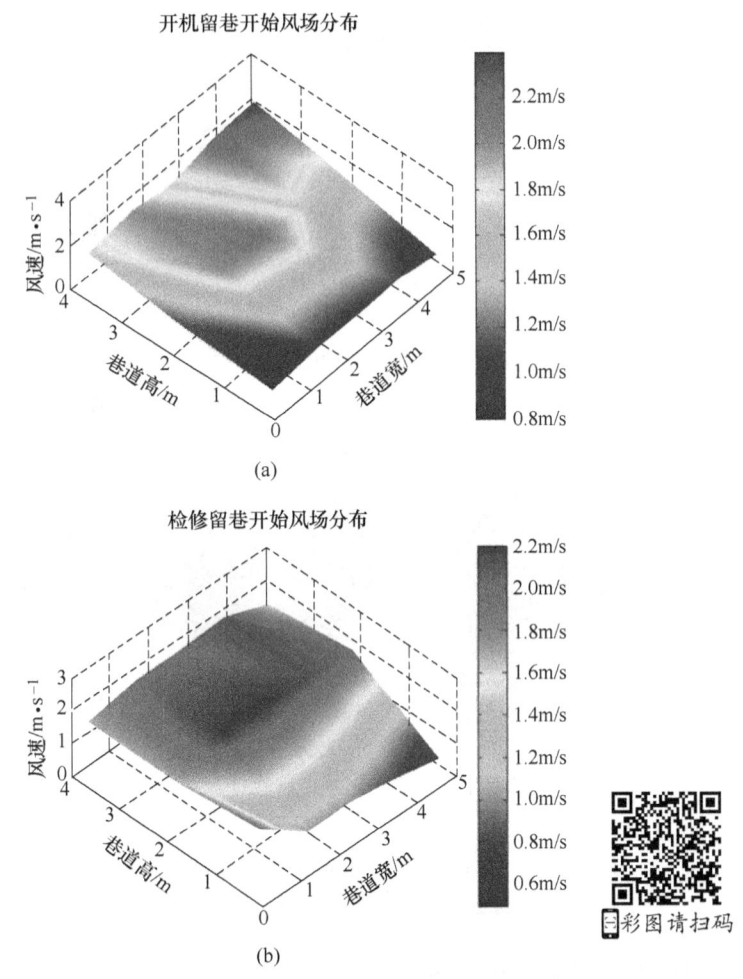

图 3-19　留巷开始断面风场分布三维云图
（a）开机时留巷开始断面风场分布；（b）检修时留巷开始断面风场分布

由图 3-19~图 3-21 可知，在正常开机开采时和停采检修时留巷段内流场分布呈巷道上部风流较大，下部风流较小的趋势。从上断面的整体情况来看，留巷段内风速由留巷初始段至留巷尾部呈逐渐增大趋势，这主要是由于在留巷中部和尾部，由于巷道变形严重，巷道断面面积骤减，导致巷道内风速逐

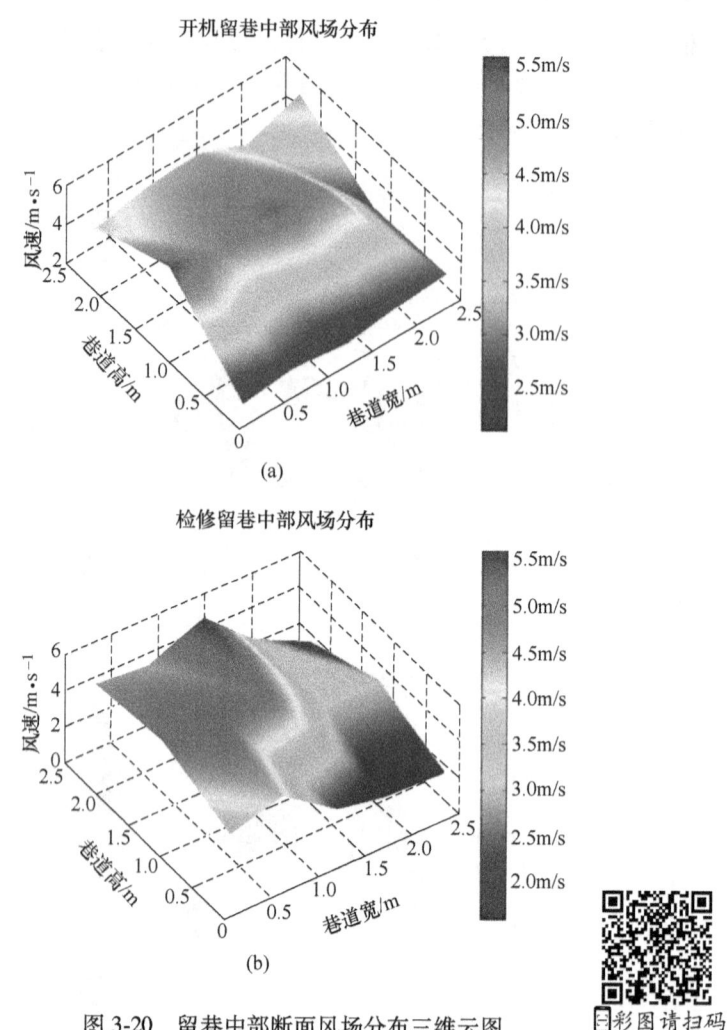

图 3-20　留巷中部断面风场分布三维云图

（a）开机时留巷中部断面风场分布；（b）检修时留巷中部断面风场分布

渐增大，同时巷道内构筑物的影响导致巷道断面内风流有变化。正常开机时留巷测点平均风速为 9.8m/s，停采检修时留巷内平均风速为 7.14m/s，两种时刻由于工作状况不同巷道供风量略有调整。

　　分别以巷道截面高、宽和沿空留巷走向长度为空间坐标轴，在检修班和工作班两种不同工况情况下，对沿空留巷内各监测点所测风速进行三维重构，得到从沿空留巷与工作面交界断面处（沿空留巷监测面 1）开始延伸 50m 范围留巷内的流场分布情况，如图 3-22 所示。

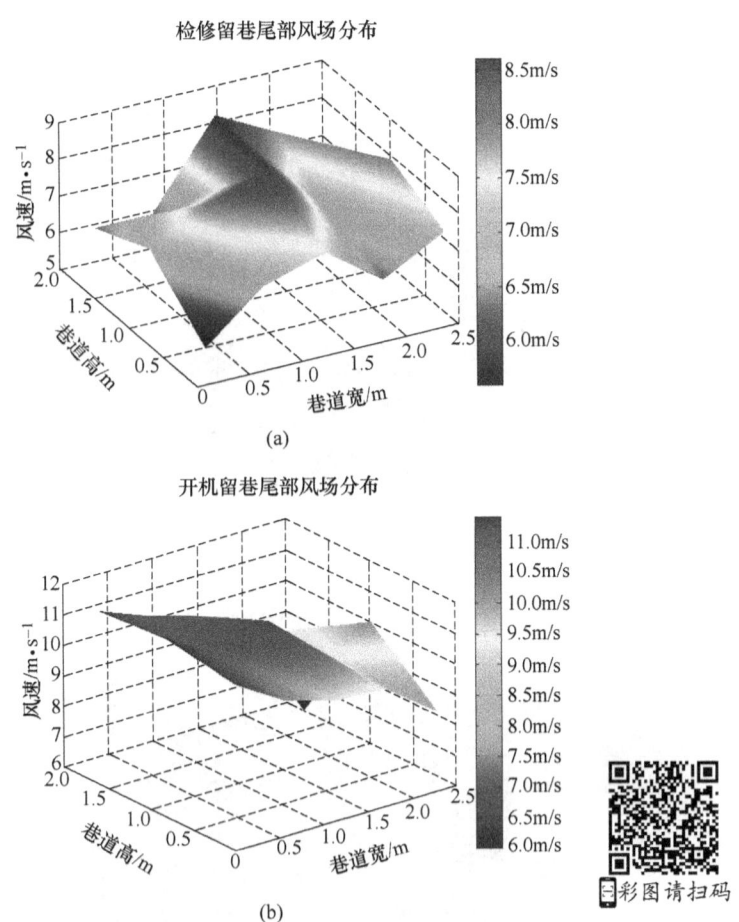

检修留巷尾部风场分布

(a)

开机留巷尾部风场分布

(b)

图 3-21　留巷尾部断面风场分布三维云图
(a) 检修时留巷尾部断面风场分布；(b) 开机时留巷尾部断面风场分布

　　由图 3-22 可知，在工作面内风流与辅助进风顺槽内风流
汇合处（沿空留巷监测面 1），不同监测点风速出现较大波动，具体表现为
①、⑥、⑪监测点区域风速较小，而③、⑧、⑬监测点区域风速比较大，且
其差别较大，这主要是由于两股风流在此断面处汇合形成局部涡流，导致局
部风速明显增大或减小。风流进入沿空留巷后，从监测面 1 至监测面 5 风速
整体上呈逐渐增大趋势，局部风速可达 8m/s 左右，这主要是由于随着工作面
不断向前推进，沿空留巷在远离工作面方向上巷道断面受挤压变形后变小，
另外，采空区向沿空留巷存在部分漏风，两者共同导致沿空留巷内风速从监

测面 1~监测面 5 增大。

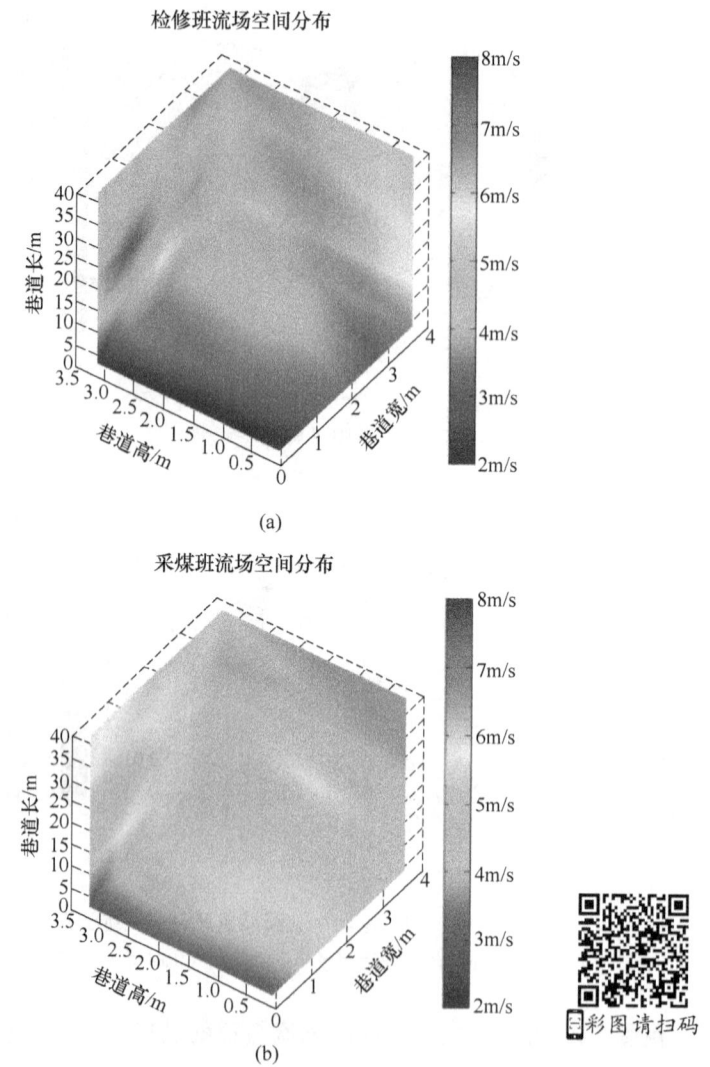

图 3-22 沿空留巷内流场空间分布
（a）检修时沿空留巷内流场空间分布；（b）开机时沿空留巷内流场空间分布

B 留巷段瓦斯空间分布特征

根据测点数据，利用 MATLAB 软件，分别在检修和开机两种工况下，将留巷开始断面、留巷中部断面、留巷尾部断面内流场分布情况数据可视化，如图 3-23~图 3-25 所示。

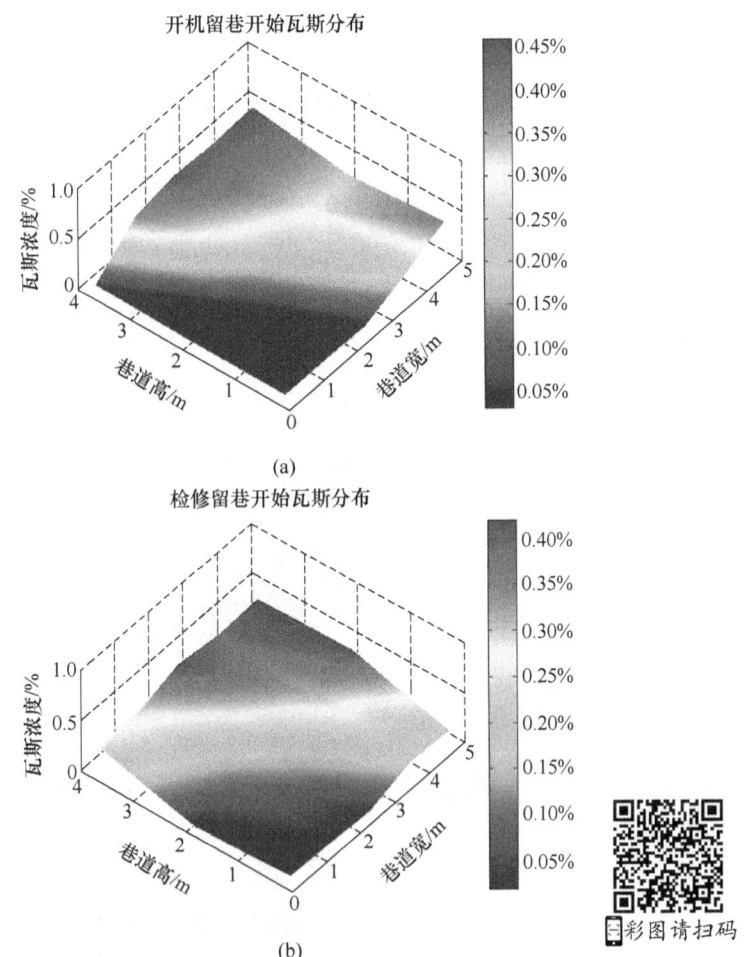

图 3-23 留巷开始断面瓦斯浓度分布三维云图

（a）开机时留巷开始断面瓦斯浓度分布；（b）检修时留巷开始断面瓦斯浓度分布

　　从图 3-23 可以看出，留巷开始断面存在瓦斯聚集现象，出现在靠近采空区侧上部。引起瓦斯聚集的原因主要是工作面与通风留巷结合处存在涡流，其次是采空区瓦斯涌出导致局部瓦斯浓度聚集。开机时瓦斯聚集情况较为严重，检修时留巷段瓦斯浓度变化较小，分布规律没有明显变化。

　　从图 3-24 可以看出，无论是在停采检修，还是正常开机开采时，留巷中部瓦斯分布规律较明显，靠近采空区侧瓦斯聚集，浓度明显高于其他区域。

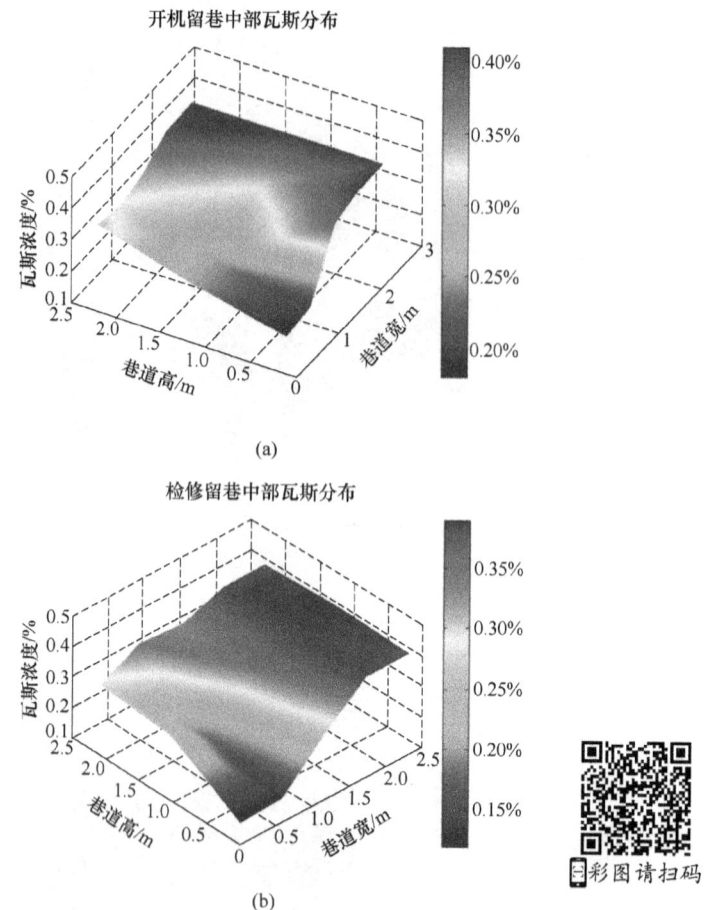

图 3-24　留巷中部断面瓦斯分布三维云图
(a) 开机时留巷中部断面瓦斯分布；(b) 检修时留巷中部断面瓦斯分布

　　对比分析图 3-25（a）与（b），可以得到正常开机开采时留巷内的瓦斯浓度约为 0.33%，分布区域内瓦斯差异较小，未出现瓦斯聚集情况，但靠近采空区侧上部区域瓦斯浓度最高；停采检修时，留巷内的瓦斯浓度约为 0.15%，分布区域内瓦斯差异较正常开机开采时大，巷道整体浓度较低，但靠近采空区侧上部区域瓦斯浓度最高。

　　分别以巷道截面高、宽和沿空留巷走向长度为空间坐标轴，在检修班和工作班两种不同工况情况下，对沿空留巷内各监测点所测瓦斯浓度进行三维可视化处理，得到从沿空留巷与工作面交界断面处（沿空留巷监测面 1）开始延伸 50m 范围留巷内的瓦斯分布情况，如图 3-26 所示。

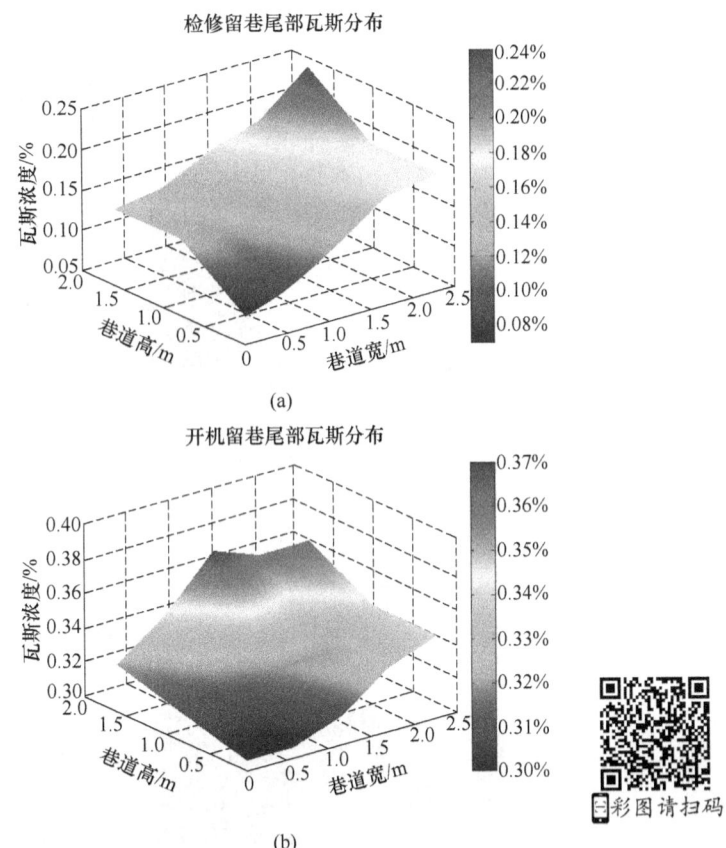

图 3-25 留巷尾部断面瓦斯分布三维云图

（a）检修时留巷尾部断面瓦斯分布；（b）开机时留巷尾部断面瓦斯分布

由图 3-26 可知，沿空留巷内监测面 1~5 整体表现为靠近采空区上角位置（各监测面①、②、③、⑥、⑦、⑪监测点区域）瓦斯浓度较高，但随着沿空留巷向采空区深部延伸，这种局部瓦斯积聚的现象逐渐消失。这主要是由于采空区向沿空留巷漏风，采空区内的高浓度瓦斯随风流从沿空留巷柔模支护墙顶部涌入沿空留巷，导致该部分区域风速和瓦斯浓度局部升高。沿空留巷初始断面处（沿空留巷监测面 1）不同监测点区域瓦斯浓度波动较大，表现为①、⑥、⑪监测点区域瓦斯浓度较大，这主要与前文所述的两股风流在此断面处汇合形成局部涡流有关，使该区域出现瓦斯积聚现象。不同工况条件下，沿空留巷内瓦斯高浓度区域分布规律相似，均在沿空留巷靠近采空区上角位置形成瓦斯积聚，且采煤班瓦斯浓度高于检修班，局部瓦斯浓度可达 0.65% 左右。

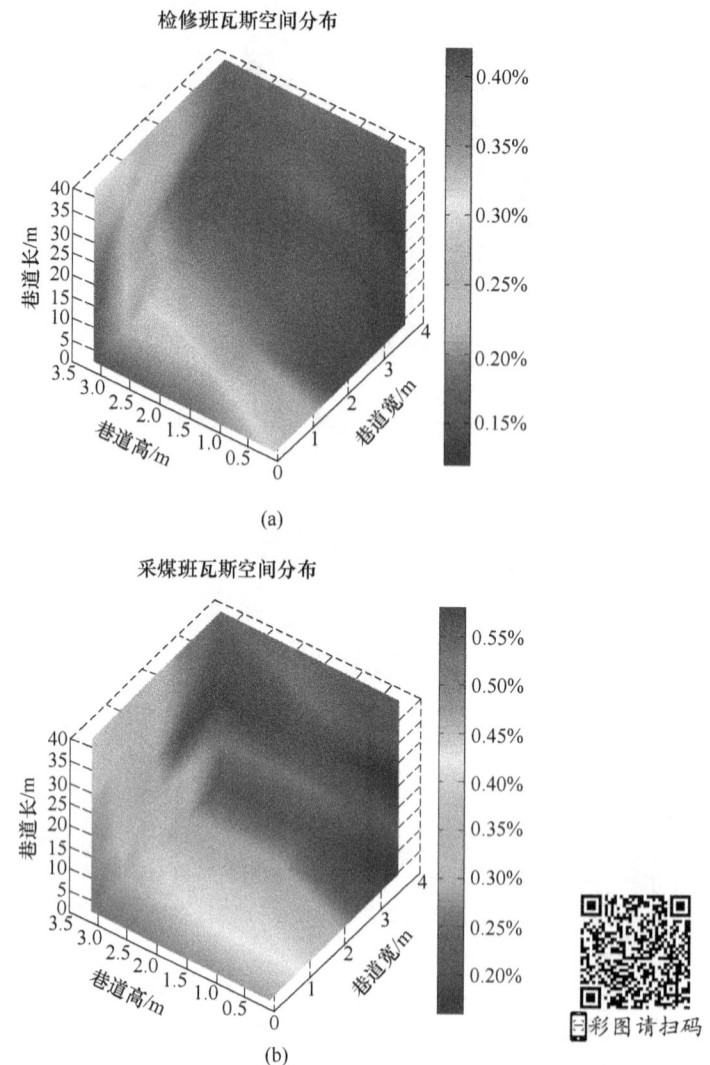

图 3-26   沿空留巷内瓦斯空间分布

（a）检修时沿空留巷内瓦斯空间分布；（b）开机时沿空留巷内瓦斯空间分布

3.3   综放开采 Y 型通风采空区瓦斯分布实测技术研究

3.3.1   工程背景

选取上述综放开采分段留巷 Y 型通风工作面采空区进行现场试验。该工作面走向长度为 1431m，倾向长度为 321m，工作面煤层平均倾角为 7°，煤层厚度 5.72~7.79m，平均 6.74m，煤层结构简单，采用综采放顶煤采煤法，采放比为 1：1.3。采空区采用全部垮落法管理顶板，煤层顶板属于较易垮落的顶板，可随采随冒，不需进行人工强制放顶。工作面通风方式为"两进一回"的 Y 型通风方式，即运输巷和辅助进风巷进风，其中运输巷为主进风巷，在进风巷采空区段进行沿空留巷，作为回风巷。沿空留巷采用分段沿空留巷，每隔 80m 左右布设一个分段，在沿空留巷段靠近采空区侧设置柔模混凝土墙支护，同时采用锚索对进风巷顶板进行永久加强支护，高压喷射注浆加固底板。工作面煤层经本煤层抽采后，残余瓦斯含量为 3.6m³/t，煤尘具有爆炸危险性。

3.3.2 采空区瓦斯分布三维实测装置采气钻孔布设方法

为实现对采空区不同区域空间瓦斯浓度的三维实测，需根据现场煤层厚度、工作面通风方式、沿空留巷支护方式等实际条件对采空区采气钻孔进行布设。以 Y 型通风工作面为例，随着采煤工作面向前推进，在工作面液压支架后方 10m 左右处的沿空留巷内向采空区打采气钻孔，同时使钻孔具有一定的仰角（相对于煤层倾角的仰角），钻孔终孔点高度和深度视煤层厚度和工作面长度而定。采气钻孔分别布置于采空区的自然堆积区、载荷影响区，在沿水平方向上每排采气钻孔为一组，每组至少布置短、中、长 3 个采气钻孔，钻孔之间的水平间距为 5m；在竖直方向上，根据煤层厚度、围岩性质等不同情况可布置一排、两排或三排采气钻孔。当煤层厚度小于 2m 时，可布置单排采气钻孔；当煤层厚度为 2~4m 时，可布置双排采气钻孔；当煤层厚度大于 4m 时，可布置三排采气钻孔。布置两排或三排采气钻孔时，可采用炮眼布置中的"三花眼""三角眼"布置法。采气钻孔布置示意图如图 3-27 所示。

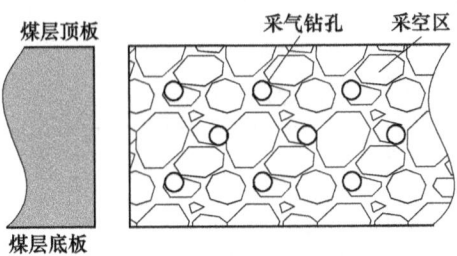

图 3-27 采空区采气钻孔布设示意图（以三排钻孔为例）

3.3.3 采空区瓦斯分布实测技术工业性试验

对于综放开采分段留巷 Y 型通风工作面，新鲜风流由运输顺槽流入工作面后会向采空区漏风，靠近放顶煤液压支架后方一定区域采空区内的瓦斯随风流流向靠近沿空留巷侧采空区，导致瓦斯在靠近沿空留巷一侧的采空区空间内发生积聚现象。基于此，本试验主要在近留巷侧采空区空间进行瓦斯浓度三维监测，以得到采空区高瓦斯浓度区域的分布范围。采空区瓦斯浓度区域分布三维实测装置布设方案示意图如图 3-28 所示。

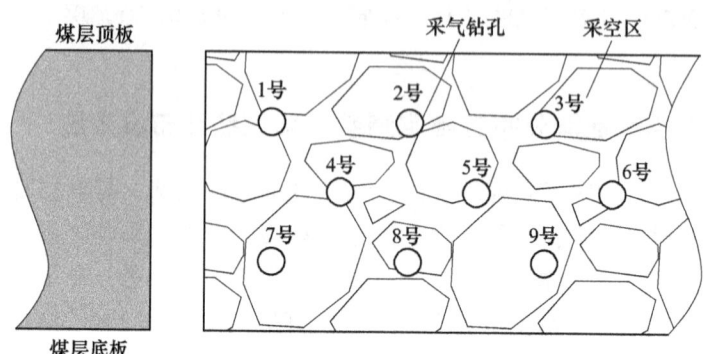

图 3-28　采空区瓦斯浓度区域分布三维实测装置布设方案示意图

具体试验方案步骤如下：

（1）采空区钻孔布置。根据杨光煤矿 9105 工作面煤层厚度和采空区顶板垮落情况，在工作面液压支架后方 10m 左右处，从沿空留巷柔模支护混凝土墙向采空区内打不同规格参数的采气钻孔（初次来压后施工）。由于煤层厚度较大，为监测采空区不同空间位置的瓦斯浓度，需布置上、中、下三排采气钻孔，每排分别设置 3 个不同深浅的采气钻孔，钻孔之间的水平间距为 5m，并对每个采气钻孔进行编号，如图 3-28 所示。各个采气钻孔具体参数见表3-7。

表 3-7　采气钻孔参数

钻孔编号	孔径/mm	钻孔口垂高（距煤层底板）/m	仰角/(°)	孔深（斜长）/m	终孔点垂高（距煤层底板）/m	水平投影距（距沿空留巷）/m
1	50	3.5	26.5	56	28.5	50
2	50	3.5	39.8	39.1	28.5	30

钻孔编号	孔径/mm	钻孔口垂高（距煤层底板）/m	仰角/(°)	孔深（斜长）/m	终孔点垂高（距煤层底板）/m	水平投影距（距沿空留巷）/m
3	50	3.5	68.2	26.9	28.5	10
4	50	2.5	14.6	51.7	15.5	50
5	50	2.5	23.4	32.7	15.5	30
6	50	2.5	52.4	16.4	15.5	10
7	50	1.5	1.1	50	2.5	50
8	50	1.5	1.9	30	2.5	30
9	50	1.5	5.7	10	2.5	10

（2）采气管铺设。依次将每节采气管插入各个采气钻孔，使采气头处于钻孔底部，最外端采气管穿过柔模支护混凝土墙，采气管之间通过快速接头连接。

（3）封孔设备装配。采气管铺设好后，对采气钻孔进行封孔；在采气管出口处依次连接采气管阀门、管路、管路阀门、瓦斯流量计、抽气泵、集气囊、瓦斯浓度检测仪。

（4）采空区瓦斯浓度实测。分别在检修班和采煤班依次打开各采气钻孔中采气管阀门，通过抽气泵将采气头位置处的气体抽入集气囊内，借助瓦斯浓度检测仪测得该监测点处的瓦斯浓度，从而实现对采空区空间不同位置的瓦斯浓度的监测。随着工作面不断向前推进，各采气钻孔距工作面的水平距离越来越远，工作面每推进 10m 对各采气管内抽出的气体的瓦斯浓度进行一次重复监测，直至各采气钻孔距工作面水平距离 60m 左右处停止监测。

3.3.4 试验结果分析

3.3.4.1 近留巷侧采空区在不同空间方向上的瓦斯分布规律

基于上述现场试验实测所得采空区空间不同区域瓦斯浓度，分别对采空区在沿工作面方向、沿留巷方向和垂直煤层底板方向上的瓦斯分布规律进行分析。分别以工作面与沿空留巷柔模支护墙在煤层底板处交叉点为坐标原点，以沿工作面方向、沿留巷方向和垂直煤层底板方向为空间 X、Y、Z 坐标轴，建立空间直角坐标系，在检修班和工作班两种不同工况情况下，对近留巷侧采空区空间瓦斯分布进行三维可视化分析。

　　A　采空区沿工作面方向瓦斯空间分布规律

　　以沿工作面方向和沿留巷方向为参考面，分别在采煤班和检修班两种工况下，对 $Y=2.5m$、$Y=15.5m$ 和 $Y=28.5m$ 三个空间截面内的瓦斯浓度数据进行三维可视化分析，如图 3-29 所示。

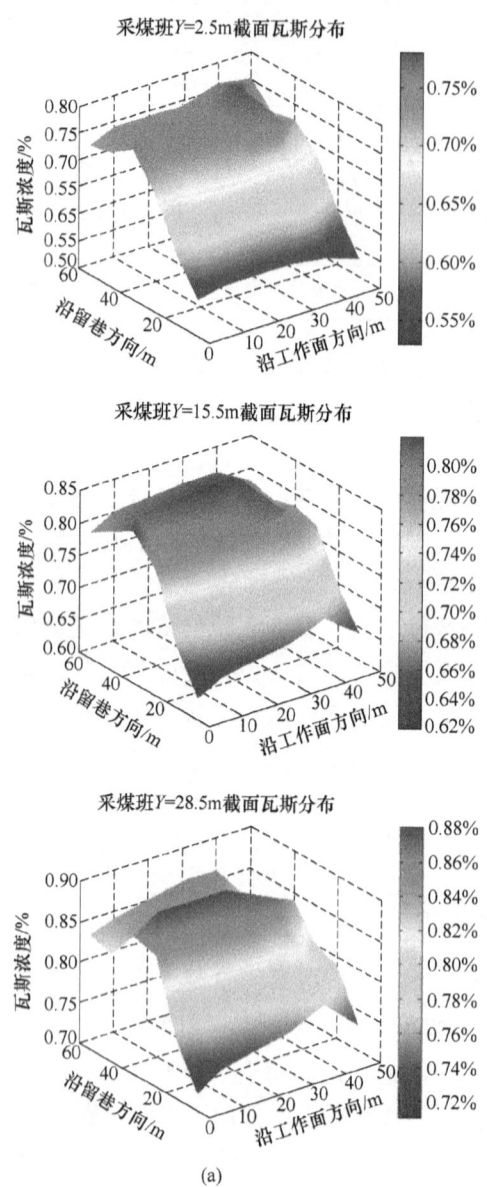

(a)

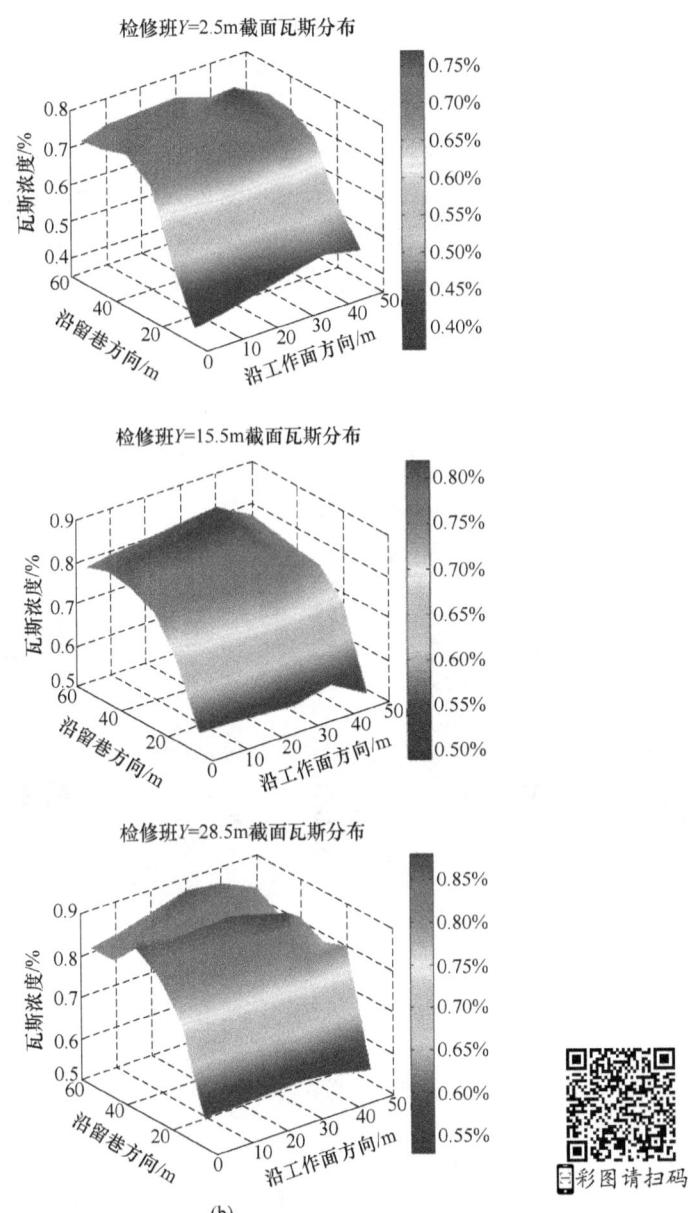

图 3-29 采空区沿工作面方向瓦斯空间分布

（a）采煤班采空区空间截面瓦斯分布；（b）检修班采空区空间截面瓦斯分布

由图 3-29 可知，对于分段留巷 Y 型通风综放工作面，近留巷侧采空区在沿工作面倾斜方向距留巷 50m 范围内，随着距沿空留巷距离越来越远，瓦斯浓度呈现先升高后降低的趋势，且在距沿空留巷 30~45m 范围内采空区上部空间瓦斯浓度达到峰值点，瓦斯浓度最高可达 0.9% 左右。在采煤班与检修班不同工况条件下，采空区在沿工作面倾斜方向上瓦斯分布规律大致相同，且瓦斯浓度最高区域范围也大致相同，其不同主要表现在紧靠工作面液压支架后方 20m 空间范围内采空区在采煤班的瓦斯浓度普遍高于检修班。这主要是由于紧靠液压支架后方 20m 范围内采空区受工作面漏风影响较大，工作面采煤时煤壁涌出的大量高浓度瓦斯随风流进入采空区浅部造成的。

　　B　采空区沿留巷方向瓦斯空间分布规律

　　以沿留巷方向和垂直煤层底板方向为参考面，分别在采煤班和检修班两种工况下，对 $X=10\mathrm{m}$、$X=30\mathrm{m}$ 和 $X=50\mathrm{m}$ 三个空间截面内的瓦斯浓度数据进行三维可视化分析，如图 3-30 所示。

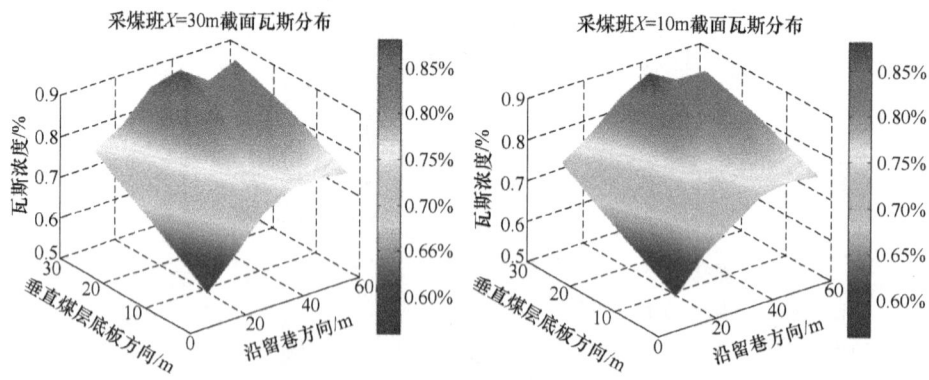

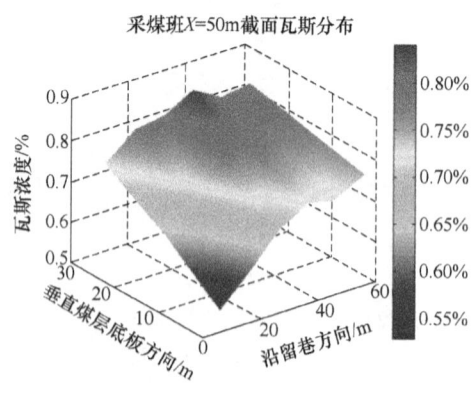

(a)

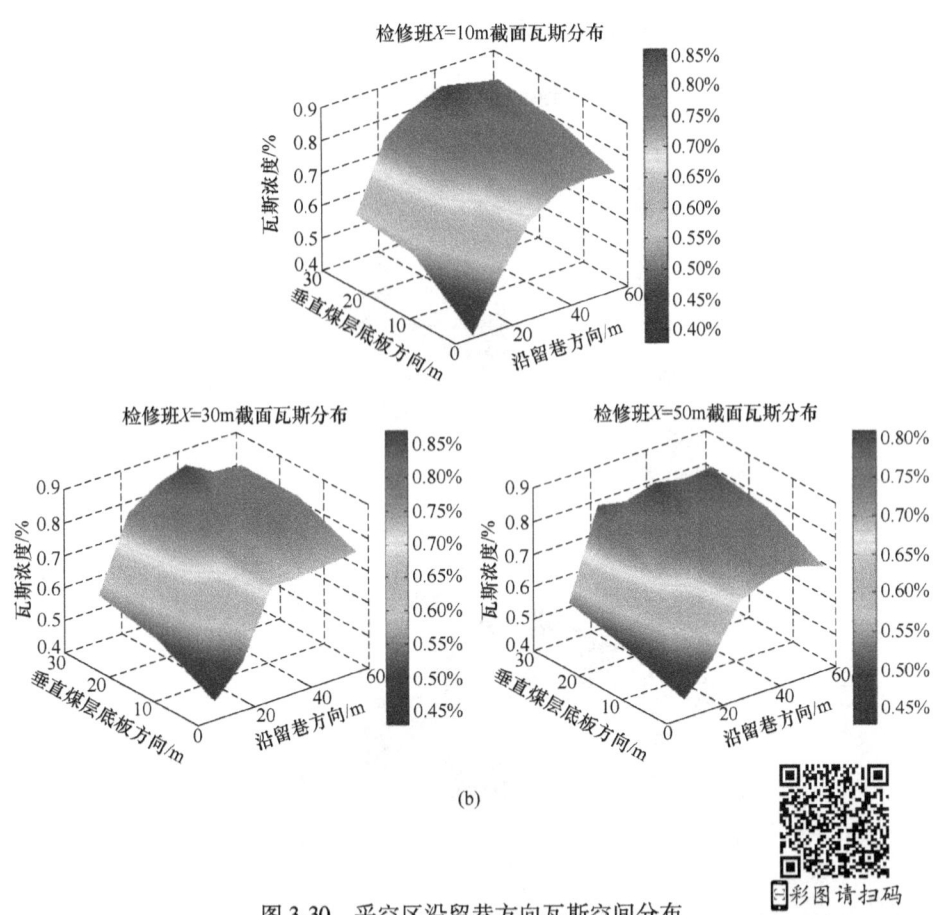

图 3-30 采空区沿留巷方向瓦斯空间分布

（a）采煤班采空区空间截面瓦斯分布；（b）检修班采空区空间截面瓦斯分布

由图 3-30 可知，工作面采用分段留巷 Y 型通风方式时，近留巷侧采空区在沿留巷延伸方向距工作面 60m 范围内，随着距工作面距离的增加，瓦斯浓度呈现先快速增加后略降低的趋势。高瓦斯浓度区域主要集中在距工作面 35~55m 范围内的采空区上部空间，且采空区在沿留巷延伸方向上采煤班与检修班两种不同工况条件下，高瓦斯浓度区域分布范围大致相同，其不同主要表现在采空区沿留巷方向距工作面 20m，垂直煤层底板方向距煤层底板 5m 范围内，采煤班瓦斯浓度普遍略高于检修班，这主要是由于采空区在该部分区域范围内受工作面漏风影响较大。

C　采空区垂直煤层底板方向瓦斯空间分布规律

以沿工作面方向和垂直煤层底板方向为参考面，分别在采煤班和检修班两种工况下，对 $Z=10\mathrm{m}$、$Z=30\mathrm{m}$ 和 $Z=50\mathrm{m}$ 三个空间截面内的瓦斯浓度数据进行三维可视化分析，如图 3-31 所示。

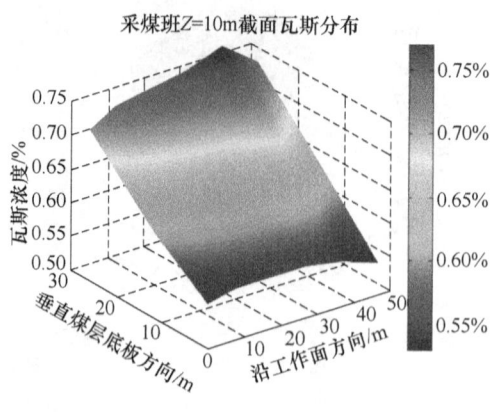

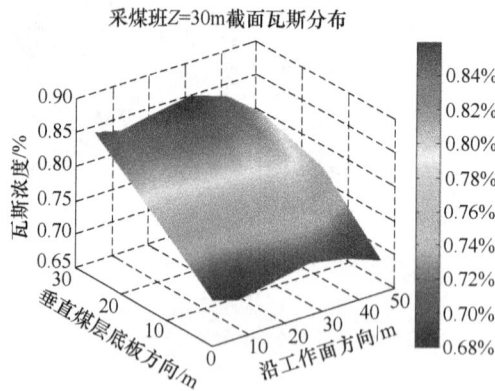

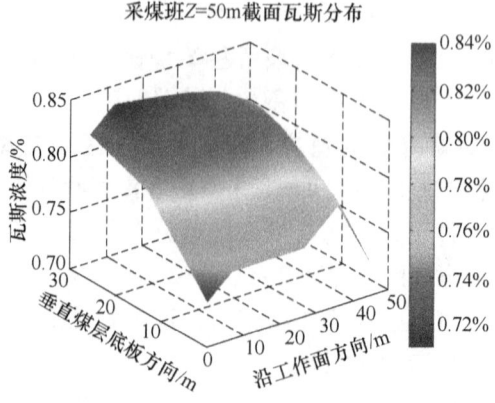

(a)

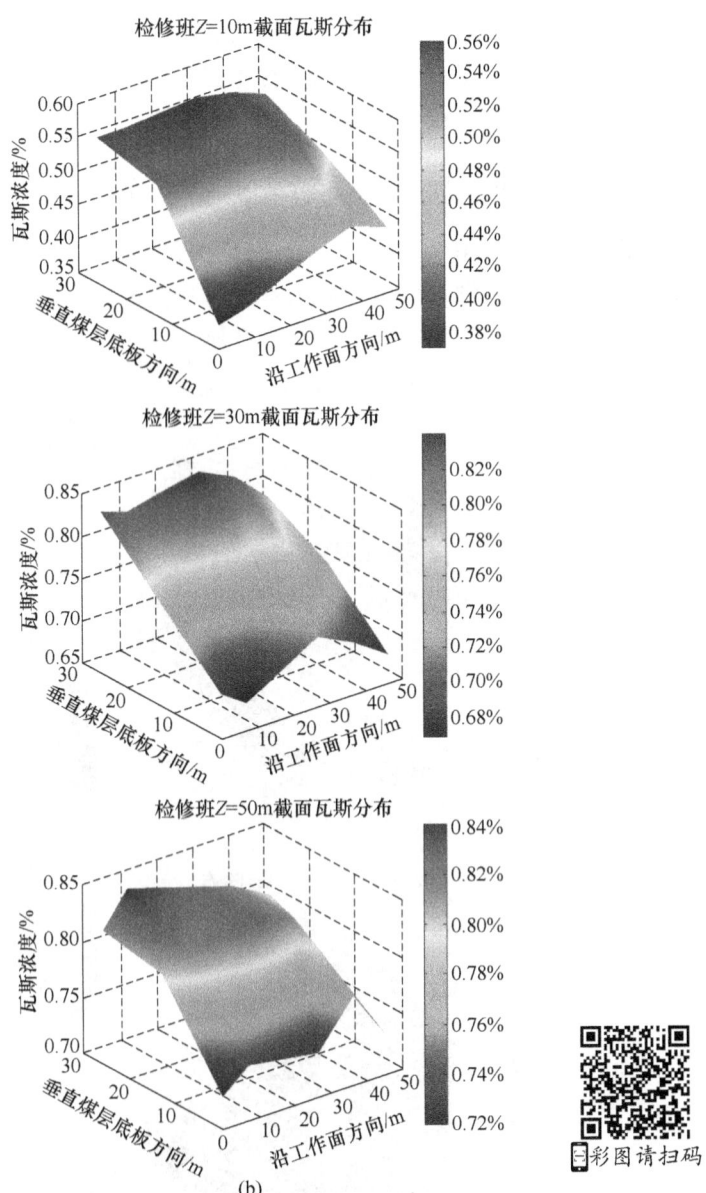

图 3-31 采空区垂直煤层底板方向瓦斯空间分布

(a) 采煤班采空区空间截面瓦斯分布；(b) 检修班采空区空间截面瓦斯分布

由图 3-31 可知，工作面采用分段留巷 Y 型通风方式时，近留巷侧采空区在垂直煤层底板方向距煤层底板 30m 范围内，随着距煤层底板距离的增加，瓦斯浓度呈现递增趋势，高瓦斯浓度区域范围主要集中在距煤层底板 15~30m

范围内的采空区上部空间，这主要是因为瓦斯的密度小于空气，容易在上部空间发生集聚。在采煤班和检修班两种工况下，采空区上部空间区域的瓦斯浓度基本不发生变化，仅在靠近工作面的采空区下部空间发生明显变化。

3.3.4.2　近留巷侧采空区瓦斯空间三维分布规律

根据现场所得近留巷侧采空区不同空间区域瓦斯浓度实测数据，借助 MATLAB 数值分析软件，采用插值法将近留巷侧采空区瓦斯浓度在三维空间上的分布情况进行可视化重构，如图 3-32 所示。

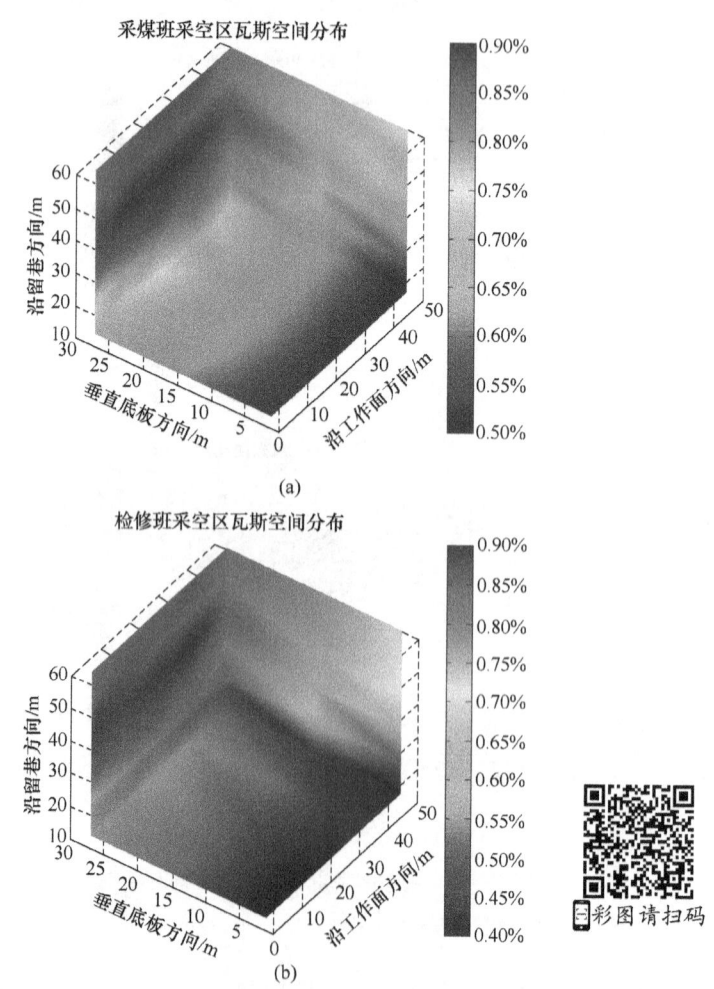

图 3-32　近留巷侧采空区瓦斯空间三维分布
（a）采煤班采空区瓦斯空间分布；（b）检修班采空区瓦斯空间分布

由图 3-32 可知,对于分段留巷 Y 型通风综放工作面,采空区瓦斯在三维空间的分布受工作面漏风影响,致使瓦斯在近留巷侧采空区一定区域范围内发生瓦斯积聚,该瓦斯积聚区域的空间范围为:在沿工作面倾斜方向上,距沿空留巷 30~45m 范围内;在沿留巷延伸方向上,距工作面 35~55m 范围内;在垂直煤层底板方向上,距煤层底板 15~30m 范围内,瓦斯浓度最高可达 0.9%。采煤班与检修班不同工况条件下,近留巷侧采空区高瓦斯浓度区域空间范围基本相同。

3.4 本 章 小 结

本章首先主要以某矿分段留巷 Y 型通风工作面为工程背景,采用自行研发的井下采空区构筑物漏风实测装置,对工作面在 Y 型通风条件下的采空区构筑物的漏风情况进行实测和分析,结果表明:

(1) 沿着采空区走向方向上随着监测距离长度增加,采空区侧漏风规律大致呈"L"形下降,即在 0~20m 内漏风速度急速下降,20~120m 内漏风速度下降的趋势有所减弱,通过对漏风速度曲线进行积分,其漏风量随着距离增加而减小。

(2) 采空区漏风可以分为 3 个区域,即 0~20m 为风速涡流区,20~100m 为风速过渡区,100~120m 为风速稳定区。

(3) 通过对采空区涌出气体进行收集分析,可得到采空区中瓦斯浓度分布情况,为针对采空区瓦斯治理提供了一种新的监测技术手段,能有效地降低采空区瓦斯事故发生率,保证矿井的安全生产,具有广泛推广意义。

采用自主研发的一种采空区瓦斯浓度区域分布三维实测装置对综放开采分段留巷 Y 型通风留巷段、工作面、辅进风巷和运输顺槽的瓦斯分布规律及风流流场规律进行研究,结果表明:

(1) 基于现场实测参数,对分段留巷 Y 型通风两进风巷、工作面及沿空留巷内的流场和瓦斯空间分布进行三维重构;两进风巷在与工作面交叉位置处流场和瓦斯浓度发生明显变化,主要表现为靠近工作面煤壁拐角处风速减小而瓦斯浓度升高;工作面内高瓦斯浓度区域为靠近煤壁上方区域,且在工作面与沿空留巷交叉口靠近采空区侧瓦斯浓度升高明显;沿空留巷内靠近采空区上角位置瓦斯浓度较高;不同工况条件下,采场各巷道内流场及瓦斯分布规律相似。

（2）在综放开采采用分段留巷 Y 型通风方式下，留巷段内瓦斯易在上隅角发生积聚，同一巷道断面局部区域瓦斯浓度高出平均浓度数倍，留巷段内风场分布较为一致，整体未出现局部风流变小情况，因此需调整巷道配风量，以避免上隅角瓦斯积聚。

（3）工作面采场空间内瓦斯分布，正常开机开采时，靠近煤壁一侧瓦斯浓度较高，且采煤机前后瓦斯分布浓度差异较大；停采检修时，靠近采空区一侧液压支架下瓦斯浓度较高，且风速较小，存在一定的瓦斯积聚。

（4）辅进风巷和运输顺槽作为双进风巷，在正常开机采煤与停机检修时，瓦斯及风场分布均较稳定，且瓦斯浓度均较低，均在 0.4% 以下，满足通风要求。

（5）在距离工作面较近的采空区内，风流流动方向是从进风侧向回风侧，而在 Y 型通风方式下，由于两条进风巷内的风压不同，因此上隅角和回风巷内的瓦斯浓度较低，但有瓦斯浓度较高的区域向采空区深部运移的趋势。

（6）工作面进风巷的瓦斯浓度不一样，这主要是由两侧风压比例不同造成的，靠近进风压大的一侧瓦斯浓度梯度较小，工作面瓦斯浓度梯度的变化主要是 Y 型通风方式决定的。

（7）两进一回 Y 型通风方式风流从运输巷流入，在流经工作面通道时，一部分风流漏入采空区，且下隅角附近漏风较大，此后至工作面中部距下隅角距离增大，漏风量减小，在上隅角附近漏风量急剧增大。

采用自主研发的一种采空区瓦斯浓度区域分布三维实测装置对采空区不同区域空间瓦斯浓度的三维实测，研究结果表明：

（1）该装置成功应用于现场实践，对综放分段留巷 Y 型通风近留巷侧采空区瓦斯浓度在三维空间上的分布情况进行了实测，实现了对近留巷侧采空区高瓦斯浓度区域空间范围的界定，检验了该装置的可靠性和实用性。

（2）现场实测结果表明，工作面采用分段留巷 Y 型通风方式时，近留巷侧采空区在一定空间范围内出现瓦斯积聚现象，该瓦斯积聚区域的空间范围为：在沿工作面倾斜方向上，距沿空留巷 30~45m；在沿留巷延伸方向上，距工作面 35~55m；在垂直煤层底板方向上，距煤层底板 15~30m 范围内，瓦斯浓度最高处可达 0.9%；在采煤班与检修班不同工况条件下，近留巷侧采空区高瓦斯浓度区域空间范围基本相同。

（3）综放开采工作面采用分段留巷 Y 型通风方式时，工作面上隅角瓦斯积聚的问题能够得到很好的解决，但是瓦斯积聚的现象并没有消失，而是转移至靠近留巷的采空区内部，在一定范围内形成高瓦斯浓度区域。

（4）分段留巷 Y 型通风条件下，由于工作面向采空区漏风和采空区顶板破断岩块垮落碰撞，致使发生转移后的"采空区上隅角"形成的高瓦斯浓度积聚区域具有严重的瓦斯爆炸威胁，为保证安全生产，需采取有效措施对近留巷侧采空区高瓦斯浓度积聚区域进行监测和治理。

4 采空区流场形态与瓦斯分布规律数值模拟研究

<<<<<<<<<<<<<<<<<<<<<<<<<<<<<<<<<<<<<<<<<<<<<<<<<<<<<<<<<<<<<<<<

4.1 数值模拟软件 COMSOL 简介

COMSOL Multiphysics 是一个基于偏微分方程对科学和工程问题进行建模和仿真计算的大型高级数值仿真软件，由瑞典的 COMSOL 公司开发，广泛应用于各个领域的科学研究以及工程计算，被当今世界科学家称为"第一款真正的任意多物理场直接耦合分析软件"，适用于模拟科学和工程领域的各种物理过程。COMSOL Multiphysics 以高效的计算性能和杰出的多场直接耦合分析能力实现任意多物理场的高度精确的数值仿真，在全球领先的数值仿真领域里得到了广泛的应用。

COMSOL Multiphysics 软件具有强大的界面环境，内嵌丰富的 CAD 建模工具，可直接在软件中进行二维和三维建模。全面的第三方 CAD 导入功能，支持当前主流 CAD 软件格式文件的导入。完全开放的架构，用户可在图形界面中轻松自由定义所需的专业偏微分方程。任意独立函数控制的求解参数，材料属性、边界条件、载荷均支持参数控制。专业的计算模型库，内置各种常用的物理模型，用户可轻松选择并进行必要的修改。强大的网格剖分能力，支持多种网格剖分，支持移动网格功能。强大的多物理场功能，可以对不同模块的任意物理场组合进行耦合模拟分析，且处理耦合问题的数目是没有限制的。

COMSOL Multiphysics 软件之所以可以连接并求解任意物理场耦合方程是因为它独有的一个特殊功能——偏微分方程建模求解。可定义和耦合任意数量偏微分方程的能力使得 COMSOL Multiphysics 成为一个能为所有科学和工程领域内物理过程进行建模和仿真的强大分析工具。除软件系统自带的结构力学模块（structural mechanics module）、化学工程模块（chemical engineering module）、热传递模块（heat transfer module）、AC/DC 模块（AC/DC Module）、射频模块（RF module）、微机电模块（MEMS module）、地球科学模块（earth science module）和声学模块（acoustics module）外，用户还可基于自定义偏微分方程进行模型的二次开发。常见 PDE 方程都已经内置在 COMSOL Multiphysics 的各个应用模型中，通常情况下，大多数问题均可由这些内置应用模型来解决。当问题无法通过 COMSOL Multiphysics 内置模块求解时，则可使用参数型 PDE 或通用型 PDE 模块。在 COMSOL Multiphysics 中，对所有变量的约定为拉应力为正，压应力为负。

4.2 数值模型建立及边界条件设定

4.2.1 物理模型建立及网格划分

4.2.1.1 物理模型的建立

根据第 3 章综放开采 Y 型通风工作面现场实际情况，对计算模型进行如下简化：

（1）忽略综放工作面割煤机、液压支架、单体柱等各种设备，忽略矿井周期来压对采空区瓦斯分布的影响，仅考虑从工作面漏入采空区的风量、运输巷和进风顺槽以及沿空留巷对采空区瓦斯涌出和分布的影响。

（2）将工作面以及运输巷、进风巷和沿空留巷视为规则长方体，大小为：20m×5m×4m，工作面尺寸为 245m×4m×4m；根据相关文献对采动覆岩裂隙的研究，结合研究问题的实际需要和裂隙发育程度对工作面及采空区瓦斯运移的影响，此次模拟分析只考虑裂隙带（距离煤层顶板 40m）部分，垮落带（竖向破断裂隙带）与煤层顶板高度为 20m，煤层厚 6m，采空区长 180m，宽 245m，高 60m（距离煤层底板），煤层倾角 7°。

简化后的几何模型剖面图如图 4-1 和图 4-2 所示。

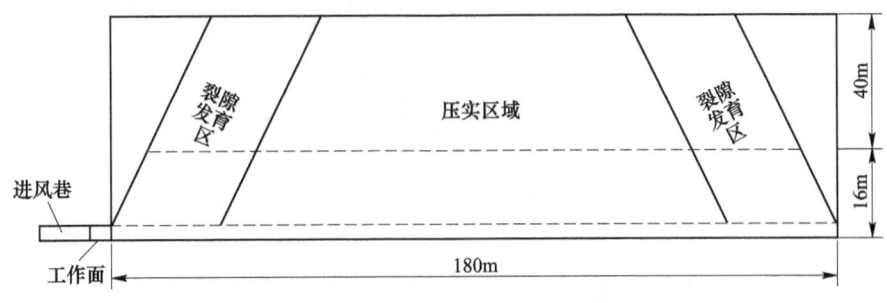

图 4-1　工作面沿走向剖面图

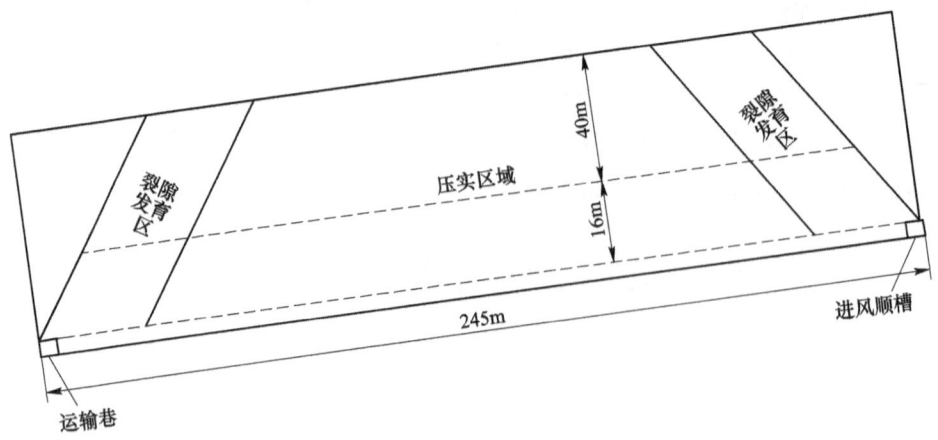

图 4-2　工作面沿倾向剖面图

4.2.1.2　模型网格划分

本次建模采用 COMSOL Multiphysics 软件模型开发器中的几何建模工具建立综放 Y 型工作面模型，采用自由划分四面体网格功能将整个立方体划分为 57147 个单元网格，如图 4-3 所示。

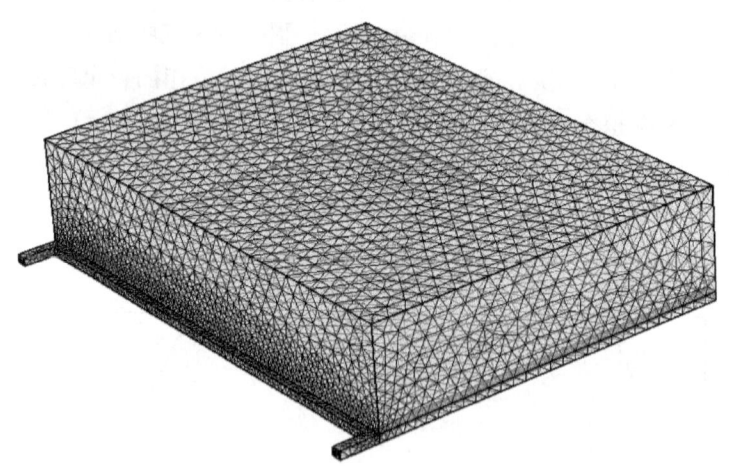

图 4-3　综放开采 Y 型通风工作面模型网格划分

4.2.2　边界条件的设定

本次几何模型中将左右两个进风巷设为入口边界，入口边界条件包含风流速度和瓦斯浓度，进风巷风流速度设置为 5m/s，瓦斯浓度为 0mol/m³，即理想认为进入的空气中不含瓦斯气体。将回风巷位置设为出口边界，设置为压力流出类型。其余固体边界设置为壁面。按照建立的数值模型和参数设置，用 COMSOL Multiphysics 软件进行数值模拟，直到模型计算残差收敛为止。

4.3 采空区孔隙率分布规律与瓦斯涌出源项分析

4.3.1 采空区孔隙率和渗透率分布

采动裂隙场具有多孔介质的特性，从采动裂隙场空间上看，碎胀系数的变化趋势是：沿走向方向由工作面和开切眼向采空区深部逐渐减小；纵向方向，采空区下部垮落带岩石破碎，碎胀系数较小，采空区上部断裂带岩石总体上较为完整，碎胀系数较大。从岩石类型看，坚硬岩石的碎胀系数较大，软弱岩石的碎胀系数较小。表 4-1 为各类岩石碎胀系数参考值。

表 4-1　各类岩石碎胀系数

岩石类别	碎胀系数	
	初始碎胀系数	残余碎胀系数
碎煤	1.2 以下	1.05
泥质页岩	1.4	1.1
普通软岩	1.5~1.6	1.02
硬砂岩	1.5~1.8	1.1
砂质页岩	1.6~1.8	1.1~1.15
中硬岩石	1.6~1.7	1.025
硬岩石	1.6~1.8	1.03

对于岩层渗透性系数和孔隙率大小的确定，学者们进行了大量的实验研究，通过实验发现岩层渗透性系数和孔隙率大小与岩石垮落碎胀系数存在一定的联系，可用 Blake-Kozeny 公式表达如下：

$$k = \frac{\varepsilon^3 d_m^2}{150(1 - \varepsilon)} \tag{4-1}$$

$$\varepsilon = 1 - \frac{1}{K_p} \tag{4-2}$$

式中　k——渗透率；

　　ε——孔隙率；

　　K_p——岩石垮落碎胀系数；

　　d_m——多孔介质平均颗粒直径，m。

依据多孔介质所在区域和垮落结构的不同对采空区及其覆岩破裂岩石平均颗粒直径 d_m 取不同值，具体数值见表4-2。

表 4-2　各类岩石颗粒平均直径取值

岩石类别	d_m/m	备 注 说 明
较完整岩层	2~30 以上	这类岩块处于未完全开裂状态，一定程度上仍然保持块体间的黏结力和原层位结构，从空间分布上看这类岩石主要位于采空区上方断裂带
垮落的大块岩石	1~2	完全断裂并规则地垮落到采空区的老顶岩石之上，岩块间相互挤压咬合，并有大量的空隙，其物性特征为相对均质和各向同性。从空间分布上看这类岩石主要位于断裂带下部和垮落带上部
垮落的小块岩石	0.2~1	放顶后直接垮落到采空区，岩石杂乱地堆积在采空区并相互挤压，岩块间有大量的空隙，其物性特征为相对均质和各向同性。这类破裂岩石结构主要位于垮落带中下部
碎胀岩石	0.2 以下	破碎垮落的残煤和伪顶岩石，呈松散介质特征

根据采空区及上覆岩层碎胀系数（即孔隙率）的不同将模型划分为 16 个区域，模型区域划分图如图 4-4 和图 4-5 所示。

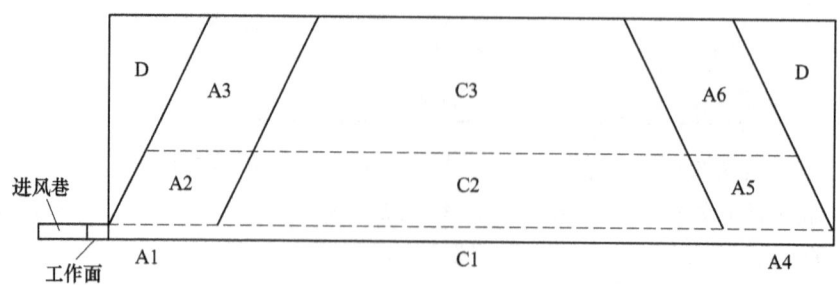

图 4-4　模型沿走向剖面区域划分

根据采动裂隙几何模型中的区域划分情况，考虑采动裂隙场实际特点，

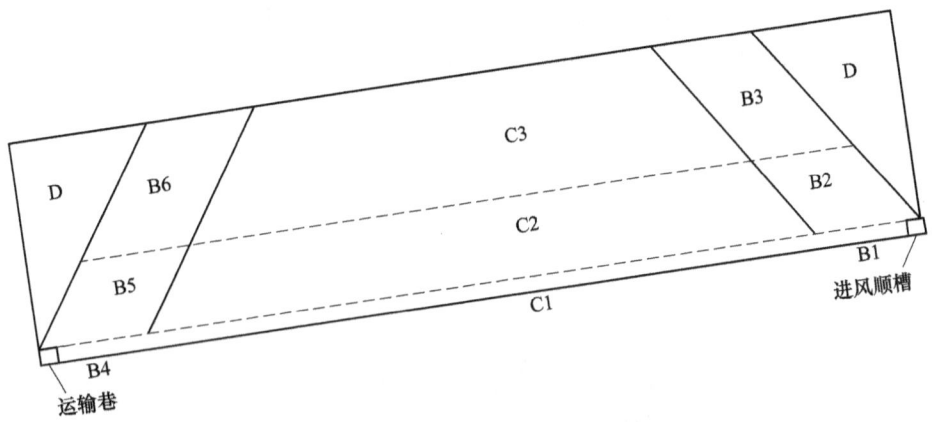

图 4-5 模型沿倾向剖面区域划分

对不同区域取不同的碎胀系数根据式（4-1）和式（4-2）计算求得模型不同区域孔隙率和渗透率，具体数值结果见表4-3。

表 4-3 几何模型不同区域的渗透率和孔隙率

参数	A1、A2	A4、A5	B1、B2	B4、B5	C1、C2	A3	B3	A6	B6	C3	D
碎胀系数 K_p	1.12	1.05	1.2	1.12	1.12	1.08	1.08	1.08	1.13	1.07	1.07
孔隙率 ε	0.11	0.05	0.17	0.11	0.11	0.07	0.07	0.07	0.12	0.07	0.05
渗透率 k	1.2×10^{-6}	0.03×10^{-6}	1.45×10^{-6}	1.2×10^{-6}	1.2×10^{-6}	0.14×10^{-6}	0.14×10^{-6}	0.14×10^{-6}	0.3×10^{-6}	0.07×10^{-6}	0.06×10^{-6}

4.3.2 瓦斯涌出质量源项分析

瓦斯涌出源是指采场范围内涌出瓦斯的地点。采场的瓦斯涌出量受到煤层中的瓦斯涌出源以及煤层中瓦斯含量大小的影响很大，而煤层中的瓦斯涌出源受煤层的沉积和开采技术条件等诸多因素影响，工作面涌出的瓦斯含量一部分来自煤层的开采层，另一部分主要来自邻近煤层以及围岩等地。煤层开采层的瓦斯涌出量受到落煤工艺的影响，邻近煤层以及围岩等地的瓦斯涌出量主要与距开采层的距离、工作面推进速度和顶板管理方法以及煤层的原始瓦斯含量等有关。

采空区瓦斯涌出主要来源于工作面瓦斯涌出、邻近煤层瓦斯涌出和采空区落煤瓦斯涌出。由于各种瓦斯涌出来源的分布尚不清楚，因此，本次几何建模中假设采空区瓦斯涌出为均匀分布状态，在数值计算时将采空区瓦斯涌出源涌出的瓦斯平均分摊到采空区单位体积上。几何模型中瓦斯质量源假设有两部分：一是采空区遗煤（含邻近煤层）瓦斯涌出源，二是工作面煤壁瓦斯源。其中模型瓦斯涌出量计算公式如下：

$$Q_s = \frac{Q_g \rho_g}{V} \tag{4-3}$$

式中 Q_s——模型瓦斯质量源项，$kg/(m^3 \cdot s)$；

　　　　Q_g——瓦斯涌出量，m^3/s；

　　　　ρ_g——瓦斯密度，取 $0.7167kg/m^3$；

　　　　V——瓦斯质量源项所占总体积，m^3。

采空区遗煤和工作面煤壁两处的瓦斯源在模型中的涌出量计算结果如下：
工作面煤壁瓦斯涌出量：

$$Q_{s1} = \frac{Q_g \rho_g}{V} = \frac{\frac{12}{60} \times 0.7167}{4 \times 4 \times 245} = 3.6566 \times 10^{-5} kg/(m^3 \cdot s)$$

采空区遗煤瓦斯涌出量：

$$Q_{s2} = \frac{Q_g \rho_g}{V} = \frac{\frac{63}{60} \times 0.7167}{4 \times 180 \times 245} = 4.2661 \times 10^{-6} kg/(m^3 \cdot s)$$

4.4   数值模拟结果分析

4.4.1   Y 型通风采场流场形态与瓦斯分布规律

运用 COMSOL Multiphysics 仿真软件对综放 Y 型通风采场流场形态和瓦斯分布规律进行数值模拟，模拟结果及分析如下。

4.4.1.1   进风巷流场及瓦斯浓度空间分布规律

综放开采分段留巷 Y 型通风回采工作面为运输巷和进风巷双巷进风，进风巷与沿空留巷直接相连，位于工作面右侧，称为右进风巷；运输巷位于工作面左侧，称为左进风巷。对通风条件下的采场流场和瓦斯浓度进行数值模拟，分别选取了左右进风巷超前支护前 15m 处、超前支护处、距工作面 10m 处 3 个监测面处的流场和瓦斯分布进行分析。

A　左右进风巷流场空间分布特征

图 4-6~图 4-8 所示为左右进风巷超前支护前 15m 处、超前支护处、进风巷与工作面交接处 3 个监测面处的流场分布情况。

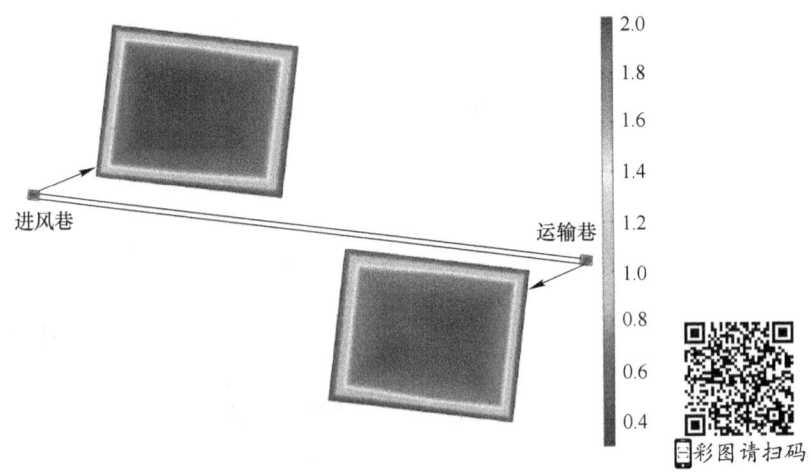

图 4-6　左右进风巷超前支护 15m 处流场分布

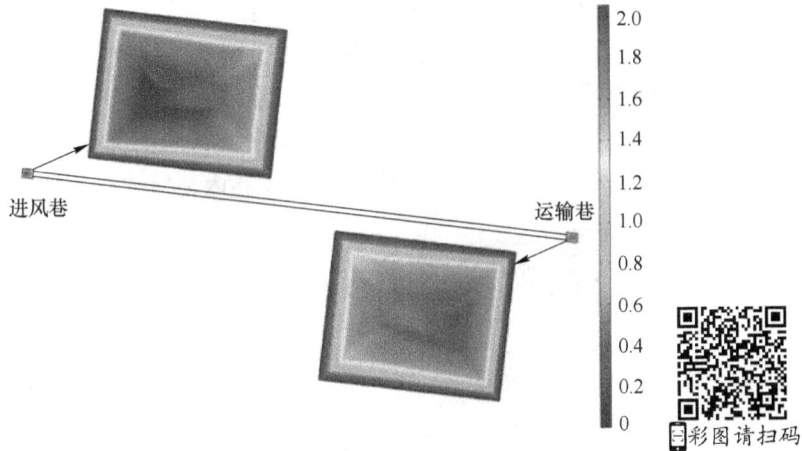

图 4-7　左右进风巷超前支护处流场分布

对比图 4-6~图 4-8 可知,左右进风巷风流流速在超前支护处比超前支护 15m 处略有减小但风速变化不大,在进风巷与工作面交接处风速减小相对比较明显,整体表现出风流在进入工作面之前流速基本一致无明显变化,在邻近工作面断面处,风速会发生局部的明显变化,在左进风巷处主要表现为邻近工作面拐角处的风速减小,这是由于风流在此处发生 90° 拐弯,风流匮乏;

右进风巷风流流经工作面截面后，与左进风巷流经工作面的乏风相遇汇流后会出现局部波动，因此，右进风巷邻近工作面内拐角处风速较小，外拐角邻近巷道壁处风流速度较大。

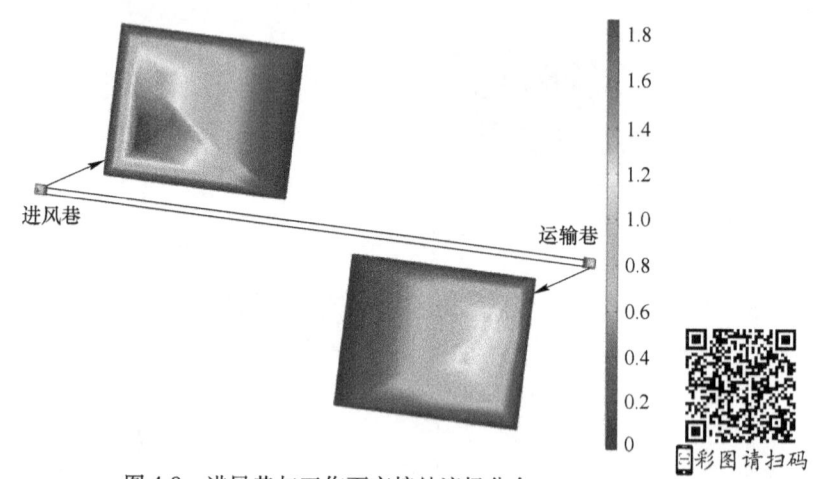

图 4-8　进风巷与工作面交接处流场分布

B　左右进风巷瓦斯空间分布特征

图 4-9~图 4-11 所示为左右进风巷超前支护前 15m 处、超前支护处、进风巷与工作面交接处 3 个监测面处的瓦斯浓度分布情况。综放开采 Y 型通风条件下，运输巷和进风巷两条巷道通风，风流在沿空留巷汇合流出采场，左右两条进风巷瓦斯浓度较低，主要来源于巷道煤壁处瓦斯的涌出，而工作面煤体预抽过瓦斯后残余瓦斯量较小，因此左右进风巷内瓦斯浓度比较低。

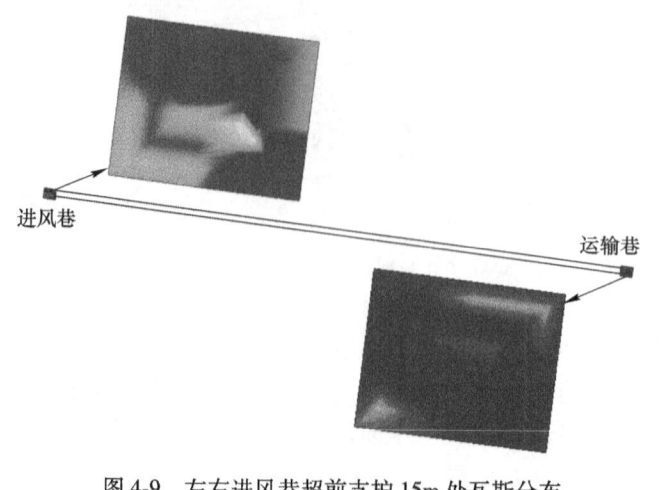

图 4-9　左右进风巷超前支护 15m 处瓦斯分布

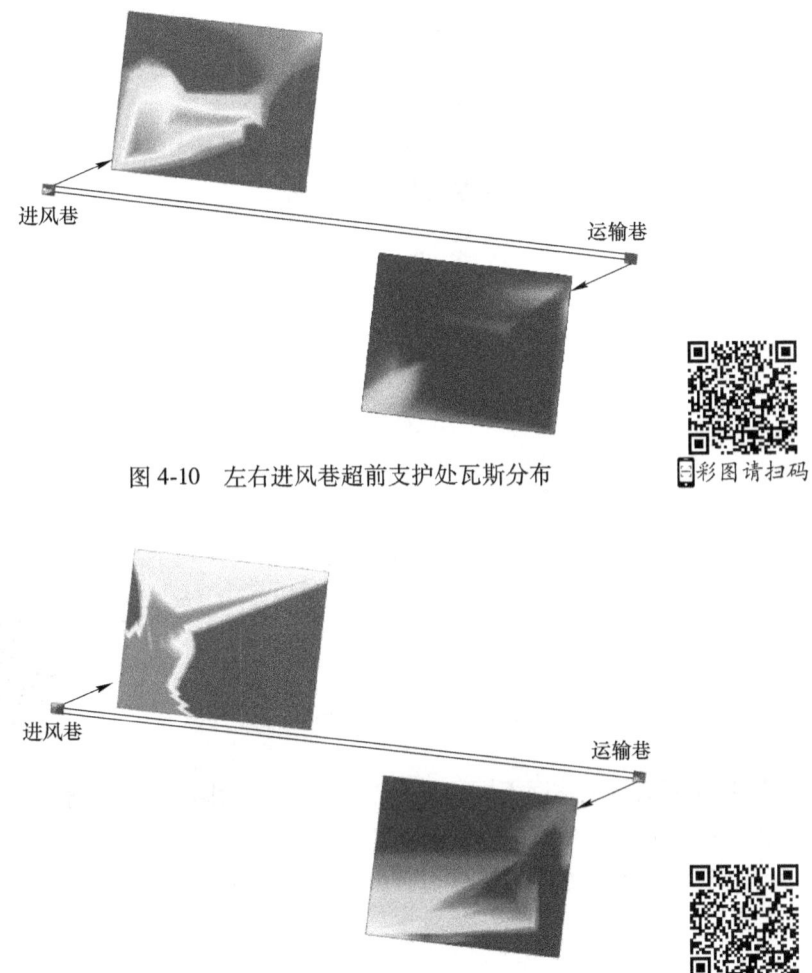

图 4-10　左右进风巷超前支护处瓦斯分布

彩图请扫码

图 4-11　进风巷与工作面交接处瓦斯分布

彩图请扫码

由图 4-9~图 4-11 可知，在左右进风巷内瓦斯浓度均比较低，在超前支护处的局部区域存在着瓦斯积聚现象，但是浓度很低。在左进风巷与工作面交界处监测面瓦斯拐角处也存在着部分浓度不高的瓦斯积聚区域，这主要是由于风流在此处发生了偏转，工作面断面的拐角区域风流量较小，采掘工作面瓦斯涌出以及采落的碎煤瓦斯涌出。在右进风巷邻近工作面断面处瓦斯浓度较高，这是由于左右进风巷的风流在此处汇聚互相影响出现了局部涡流现象，瓦斯不能得到很好的稀释带走，工作面煤体受采动影响，裂隙通道发育，涌出大量瓦斯，导致此处出现局部的瓦斯积聚现象。

4.4.1.2　工作面流场及瓦斯浓度空间分布规律

A　工作面流场空间分布特征

工作面流场的分布情况与左右进风巷的风压风速和工作面生产情况有关系，工作面流场的数值模拟结果如图 4-12 所示。

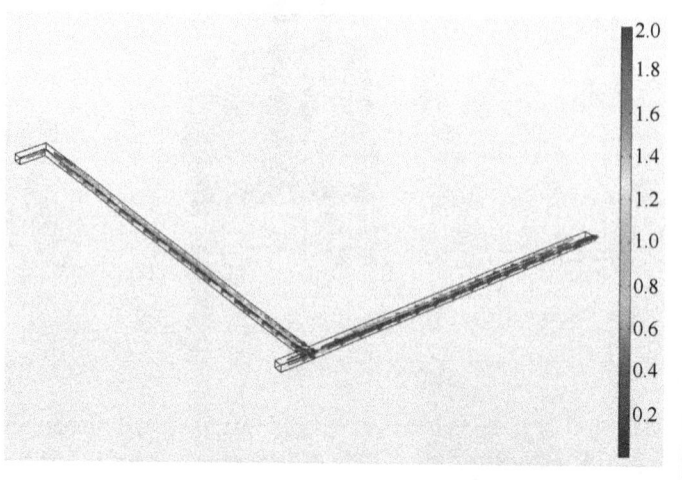

图 4-12　综放 Y 型通风巷道流场分布流线图

图 4-13 所示为工作面不同位置处流速分布切面图。工作面长度为 245m，以工作面中心位置处为原点，分别选取了 -117m、-69.5m、-21.5m、26.5m、74.5m、117m 六个点处的工作面切面流场分布进行研究。从图 4-13 可知，工

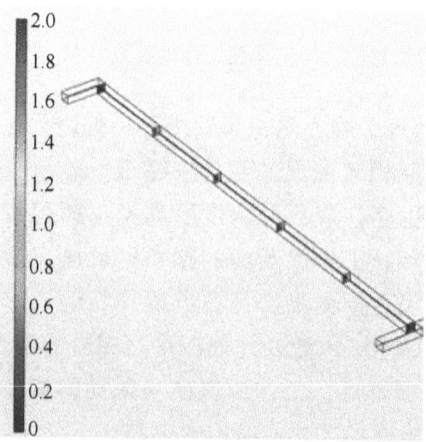

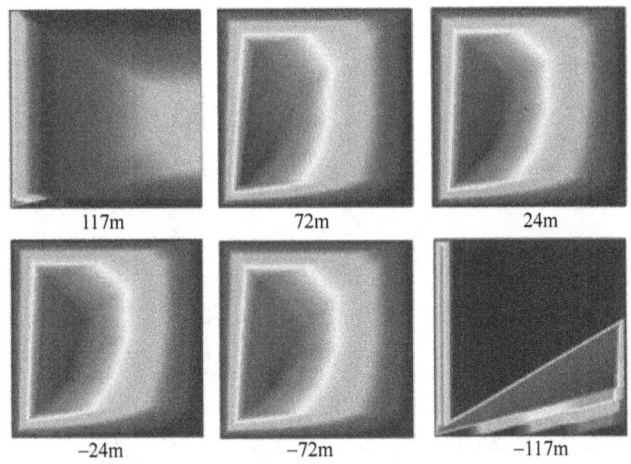

117m   72m   24m

-24m   -72m   -117m

图 4-13 工作面各个监测面流速分布切面图   彩图请扫码

作面与左进风巷交接界面 117m 处监测面的风流流速比较小,风流进入工作面后在 72m、24m、-72m 监测面处风流流速变化不太明显,在工作面-72m 监测面处风流已经略小于其左侧风速;在工作面-117m 监测面处,邻近右进风巷和工作面内拐角处风速明显较低,而邻近留巷延伸方向拐角处风速很大,这是由于左右进风巷风流在此处汇合后流往沿空留巷延伸方向。

B 工作面瓦斯空间分布特征

图 4-14 和图 4-15 所示分别为沿工作面走向和倾向不同位置处瓦斯浓度分布切面图。工作面长度为 245m,以工作面中心位置处为原点,在走向上分别选取了 -117m、-69.5m、-21.5m、26.5m、74.5m、117m 六个点处的工作面瓦斯浓度分布切面进行研究,在倾向上分别选取了工作面煤壁处、距离工作面 2m、4m 处 3 个监测面瓦斯浓度分布进行研究。综采放顶煤工作面瓦斯主要来源于煤壁瓦斯涌出、落煤瓦斯涌出和采空区瓦斯遗煤涌出,从图 4-14 可知,新鲜风流进入工作面后靠近进风巷附近瓦斯浓度很低,如图 4-14 中 117m 和 -117m 监测面处所示;由图 4-15 可知,在贯穿整个工作面长度上,受到风流和浮力作用,进入工作面后瓦斯浓度有所升高,主要积聚在工作面近煤壁处上隅角区域;比较各个监测面,-117m 处上隅角瓦斯浓度最低,这是因为 Y 型通风条件下,上隅角瓦斯在右进风巷风流作用下被带入留巷内,使上隅角瓦斯积聚现象得到有效治理。

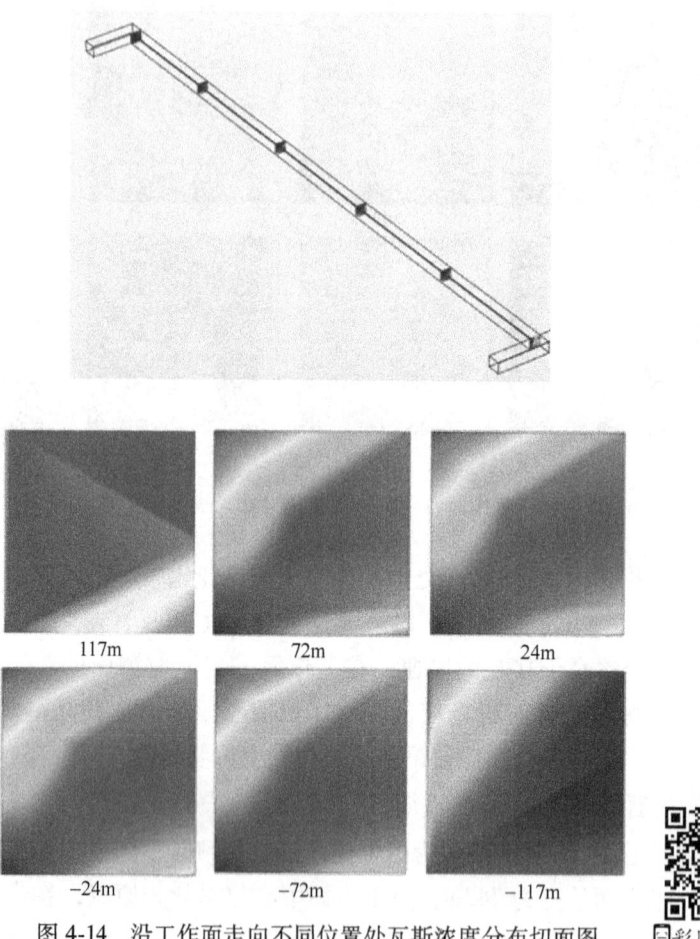

117m   72m   24m

−24m   −72m   −117m

图 4-14   沿工作面走向不同位置处瓦斯浓度分布切面图   彩图请扫码

进风巷   运输巷

工作面煤壁处

距离工作面煤壁2m处

距离工作面煤壁4m处

图 4-15   沿工作面倾向不同位置处瓦斯浓度分布切面图   彩图请扫码

4.4.1.3 留巷段流场及瓦斯浓度空间分布规律

A 留巷段流场空间分布特征

图4-16所示为沿空留巷段不同位置处瓦斯流速分布切面图。沿空留巷段长度为180m，以整个几何模型的长度中心位置处为原点，在走向上分别选取了-80m、-44m、-8m、28m、64m、100m六个点处的风流分布切面图进行研究。由图4-16可知，沿空留巷段内的风流随着距离留巷段出口的缩紧，风流速度呈逐渐增大趋势，这是由于留巷段中部和深部区域巷道变形现象比较严重，巷道截面面积缩小，风速有所提升；同时来自采空区的风流也会在留巷近出口方向汇流，增大了留巷深部区域的风流速度。

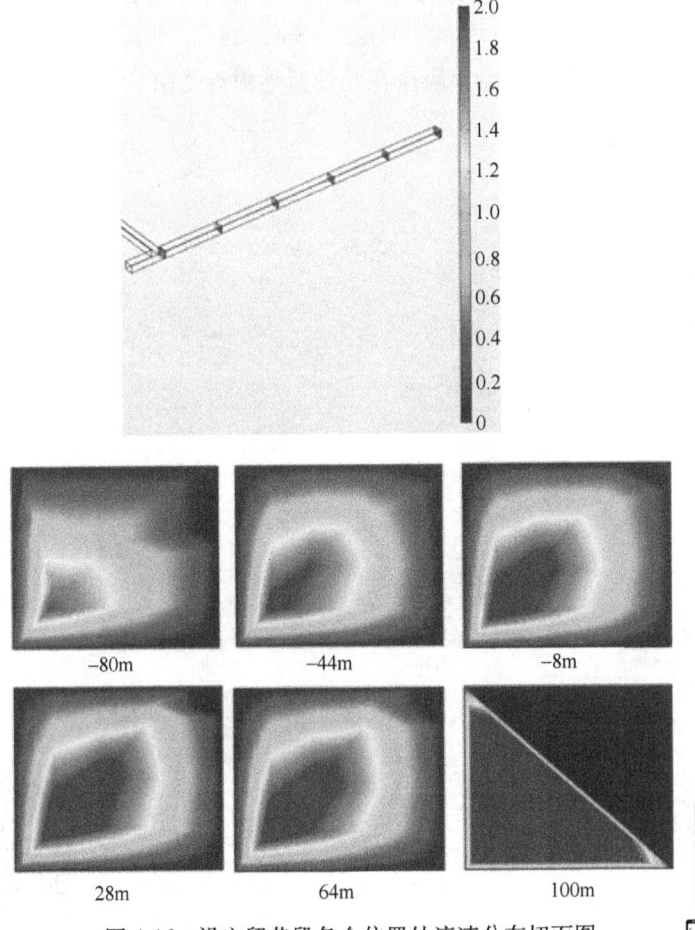

图4-16 沿空留巷段各个位置处流速分布切面图

彩图请扫码

B   留巷段瓦斯空间分布特征

图 4-17 和图 4-18 所示分别为沿空留巷段延伸方向和距离留巷段煤壁不同位置处瓦斯浓度分布切面。沿空留巷长度为 180m，以几何模型长度的中心位置处为原点，在留巷延伸方向上分别选取了 -80m、-44m、-8m、28m、64m、100m 六个点处的瓦斯浓度分布切面图进行研究，在垂直于沿空留巷煤方向上分别选取了留巷煤壁处、距离留巷煤壁 2.5m、5m 处 3 个监测面瓦斯浓度分布进行研究。由图 4-17 可知，沿空留巷段存在着瓦斯积聚的现象，主要是因为受采空区漏风流的影响，留巷段内的风流分布不是很稳定。在沿空留巷 -80m 监测面处由于工作面和右进风巷汇流处出现涡流现象，在留巷近采空区侧上部出现瓦斯积聚现象；随着留巷向深部延伸，留巷内风流和左侧采空区漏出的风流汇合，留巷近采空区侧风流速度增大，瓦斯在留巷右上角处出现较小浓度的集聚现象，如图 4-17 中的 -44m、-8m、28m、64m 处监测面所示；100m 监测面为采空区深部边界，风流在此处留巷附近受阻，大量瓦斯从此处

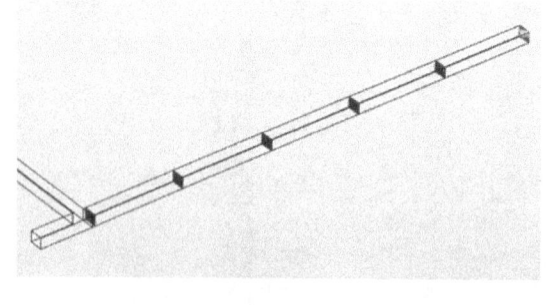

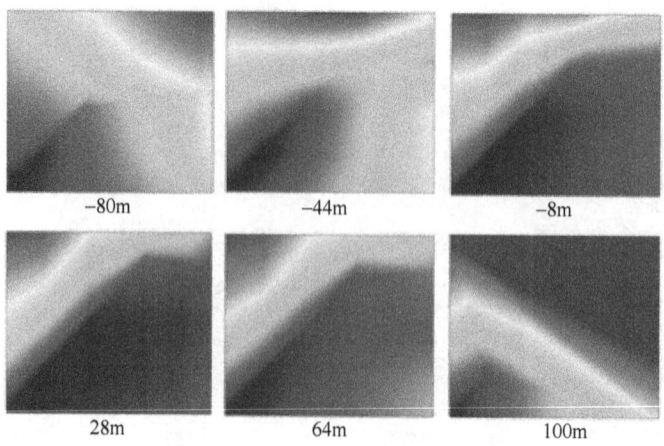

图 4-17   留巷段延伸方向不同位置处瓦斯浓度分布切面图

流出，100m 监测面附近采空区左上部瓦斯浓度较大，导致 100m 处监测面瓦斯残余量较大。由图 4-18 可以看出，沿空留巷段瓦斯主要积聚在巷道中深部上方，这是由于采空区内的瓦斯在漏风流作用下被带入留巷，而又距离留巷出口有一段距离，此处瓦斯不能快速排出巷道，故会在此处产生暂时的积聚现象。

留巷始端　　　　　　　　　　　　　　　　　　　　　　　　留巷尾部

距离沿空留巷煤壁5m处

距离沿空留巷煤壁2.5m处

沿空留巷煤壁处

图 4-18　距离留巷段煤壁不同位置处瓦斯浓度分布切面图

彩图请扫码

4.4.2　Y 型通风采空区流场形态与瓦斯分布规律

4.4.2.1　综放开采 Y 型通风工作面采空区流场分布

综放开采 Y 型通风工作面风流流场数值模拟结果如图 4-19~图 4-22 所示。

从图 4-19 流场速度分布图中可以看出，风流由运输巷和进风巷进入后，流经工作面，部分风流流入采空区，最终从采空区深部沿空留巷出口处流出；风流进入采空区后形成了一个立体的流场，沿运输巷方向采空区深部流速较小，采空区高位置处风流流速略小于下部风流流速，靠近采空区深部沿空留巷处风流流速较大，整个采空区流场呈不同流速向沿空留巷出口处汇流；工作面处风流流速比较大并且相对稳定，沿空留巷是采空区各处风流汇流处，流速相对较大，且越靠近采空区深部流场出口处风流流速越大。采空区各个方向和位置处的流场流速分布如图 4-20~图 4-22 所示。

图 4-20 所示为沿工作面走向采空区不同位置的切面流速分布。工作面长度为 245m，以工作面中心位置处为原点，分别选取了 -117.5m、-69.5m、-21.5m、26.5m、74.5m、122.5m 六个点处的采空区走向切面流场分布图进行研究。从图 4-20 可以看出，在不同监测面处风流流速分布有明显区别，在左右两条进风巷中流速非常大，122.5m 监测面由于是处于左进风巷方向上，近工作面处采空区流速较大，由于风流发生了偏转，122.5m 处监测面深部流速较小；风流沿左进风巷进入工作面后，由于风流方向沿工作面右方和沿空留

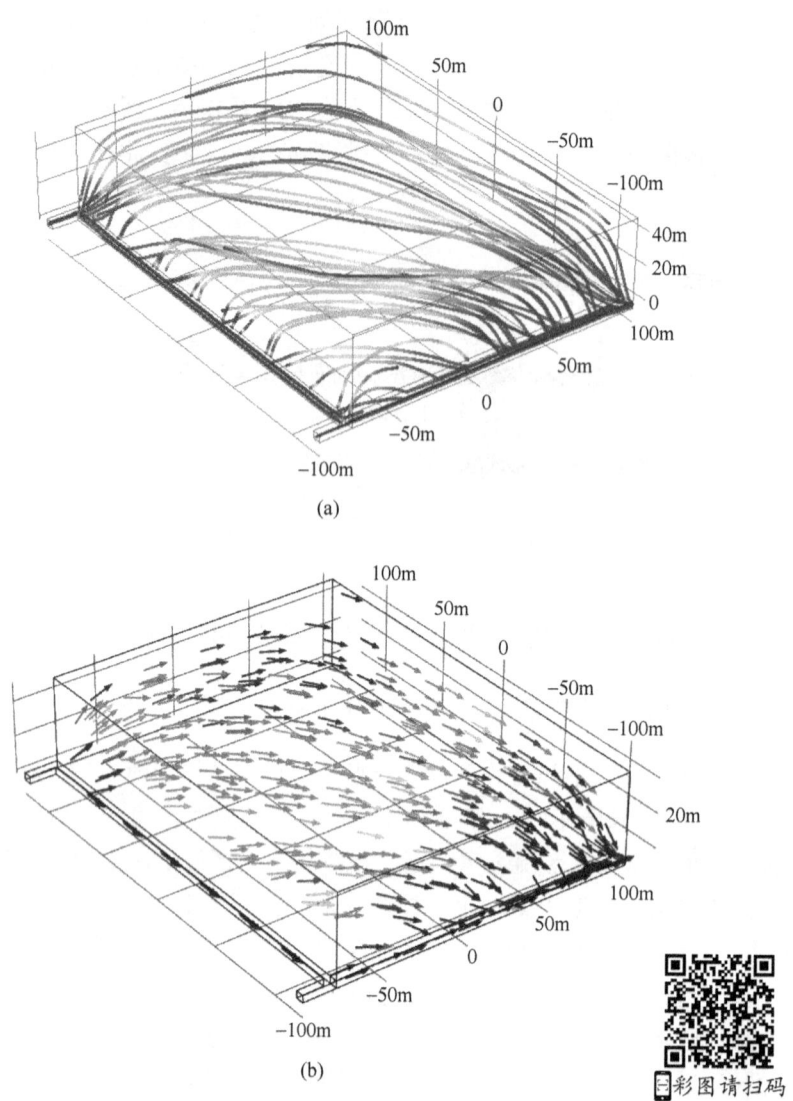

图 4-19 综放开采 Y 型通风流场分布

（a）流场速度流线分布；（b）流场速度矢量分布

巷出口方向发生偏转，因此，可以看出在 74.5m、26.5m、−21.5m 监测面近工作面采空区处风流流速较大，−69.5m 监测面工作面处风流主要受右进风巷风流影响；而在远离工作面的采空区中部和深部的流场分布情况是越靠近沿空留巷出口处，风流流速就越大，而在 122.5m 监测面深部采空区风流流速最小。

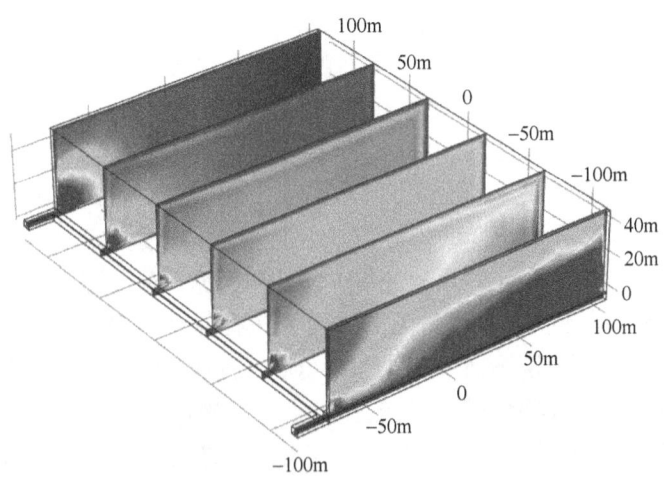

彩图请扫码

图 4-20　沿工作面走向采空区不同位置的切面流速分布

图 4-21 所示为沿工作面倾向采空区不同位置的切面流速分布。采空区深度为 180m，以整个模型宽度的中心位置处为原点，分别选取了−80m、−44m、−8m、28m、64m、100m 处六个点处的采空区倾向切面流场分布图进行分析。由图 4-21 可知，随着采空区深度的增加，风流流场分布情况有很大区别，−80m 处监测面为工作面与采空区界面处，在左右进风巷通风的情况下风流流速较大，上下部风流流速差值分布明显，呈上低下高状态；−44m、−8m、28m、64m 处监测面流场可分为两部分分析，在采空区中心位置处左侧流场分

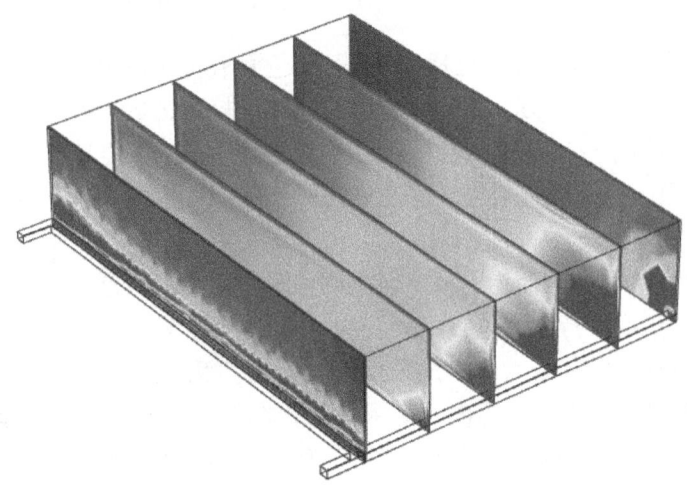

彩图请扫码

图 4-21　沿工作面倾向采空区不同位置的切面流速分布

布较为相似，采空区越深风流流速越小但是风流流速大小相差不大，而在采空区中心位置处右侧流场分布具有明显区别，表现出越往采空区深部风流流速越大的趋势，这是由于在近沿空留巷侧采空区处发生了风流汇合，如100m处监测面所示，越靠近沿空留巷出口处采空区风流流速越大。

图 4-22 所示为垂直煤层顶底板方向采空区不同位置的切面流速分布。采空区深度为180m，以巷道高度的中心位置处为零点，分别选取了0m、20m、40m、58m处四个点处垂直于煤层顶底板方向的切面流场分布图进行分析。由图 4-22 可知，采空区不同高度位置处的风流流速有很大差别，整体上表现出由低处到高处风流流速不断减小的趋势，由于进风巷道高度是4m，风流在流经采空区的时候受到构筑物阻碍作用流速减小，阻碍作用在整个采空区空间内均存在，表现为远离进、回风巷处采空区风流流速较小，而在近进、回风巷附近处风流流速较大。

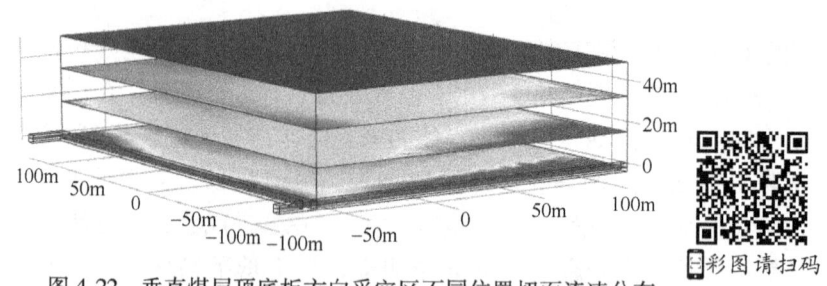

图 4-22　垂直煤层顶底板方向采空区不同位置切面流速分布

4.4.2.2　综放开采 Y 型通风工作面采空区瓦斯浓度分布规律

图 4-23 所示为综放开采 Y 型通风工作面采空区瓦斯浓度分布。从图 4-23 可以看出，采用 Y 型通风方式下，采空区瓦斯浓度较高区域主要集中在沿左进风巷延伸方向的采空区深部，在沿空留巷延伸方向上的采空区上部也存在着瓦斯积聚现象，但相对于采空区深部来说此处瓦斯浓度较小，在进回风巷附近不存在瓦斯积聚现象。

图 4-24 所示为沿工作面走向采空区不同位置切面瓦斯浓度分布。采空区深度为180m，以几何模型的中心位置处为零点，分别选取了−80m、−44m、−8m、28m、64m、100m处六个点的采空区走向切面瓦斯浓度分布图进行分析。从图 4-24 可知，100m 监测面处瓦斯浓度相对较高，且越靠近采空区左侧瓦斯浓度越高；64m 监测面处瓦斯浓度低于100m 处监测面瓦斯浓度，且随着与工作面距离的缩近，采空区瓦斯浓度越低。在右进风巷上侧采空区上隅角出

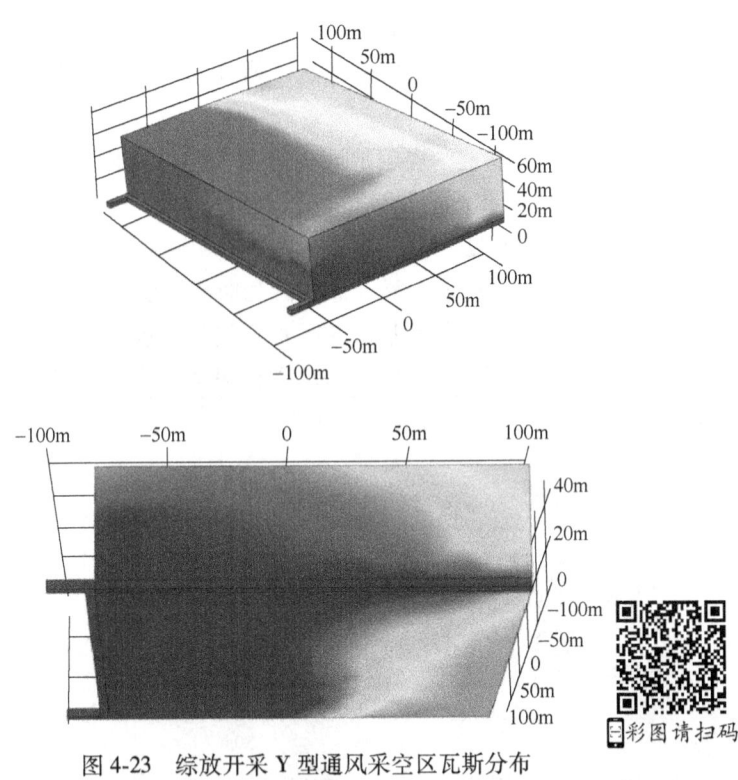

图 4-23 综放开采 Y 型通风采空区瓦斯分布

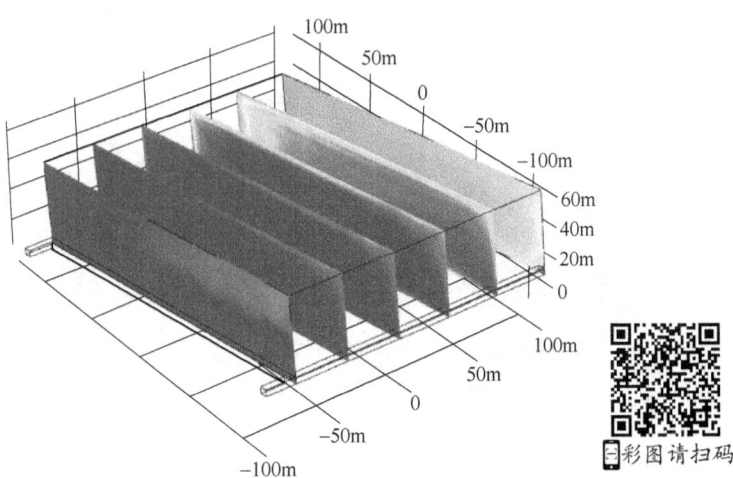

图 4-24 沿工作面走向采空区不同位置切面瓦斯浓度分布

现了瓦斯积聚现象，这是由于风流沿进风巷流入后，流经工作面在进入采空区，最后汇流到沿空留巷出口处流出，瓦斯随着风流被带走；而在左进风巷延伸方向采空区深部和右进风巷采空区上隅角没有足够的风流流经，此处会出现瓦斯积聚现象。

图 4-25 所示为沿垂直于煤层顶底板方向采空区不同位置切面瓦斯浓度分布。采空区深度为 180m、宽度 245m，以巷道高度的中心位置处为零点，分别选取了 0m、30m、58m 处 3 个点的采空区走向切面瓦斯浓度分布图进行分析。由图可知，位于采空区上部的 58m 监测面瓦斯高浓度区域要远大于 0m 和 30m 监测面，这是因为在较低平面上采空区瓦斯受风流作用比较大，被风流带到回风巷流出，较高水平面上采空区瓦斯受漏风风流影响很小，瓦斯浓度较大且受到浮力作用，容易积聚在采空区上部。

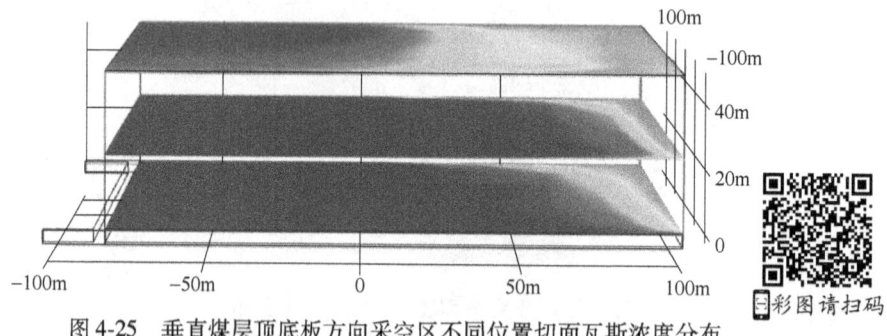

图 4-25　垂直煤层顶底板方向采空区不同位置切面瓦斯浓度分布

图 4-26 所示为沿工作面倾向方向上采空区不同位置切面瓦斯浓度分布。

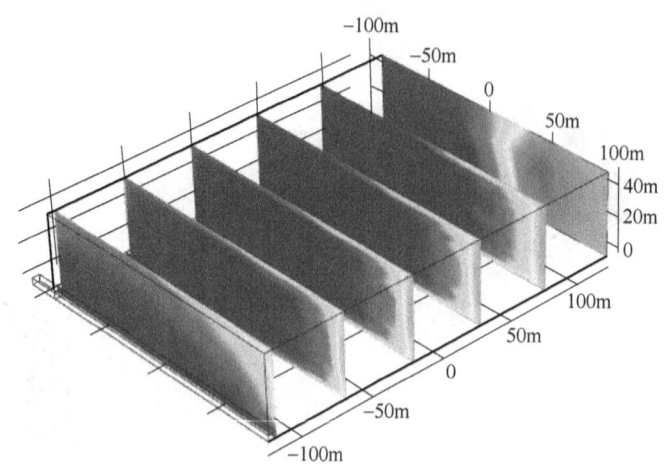

图 4-26　沿工作面倾向采空区不同位置切面瓦斯浓度分布

采空区深度为180m、宽度245m，以工作面宽度的中心位置处为零点，分别选取了−117.5m、−69.5m、−21.5m、26.5m、74.5m、122.5m处6个点的采空区倾向切面瓦斯浓度分布图进行分析。由图可知，各个监测面近工作面处瓦斯浓度较低，而随着往采空区深部的延伸瓦斯浓度逐渐增高，对比各个监测面发现122.5m处监测面瓦斯浓度最高，−117.5m处瓦斯浓度最低，这是由于122.5m处监测面是沿空留巷轴向切面，风流在此处汇合，而122.5m监测面的深部采空区风流很小，瓦斯在此处积聚。

4.5　数值模拟与现场实测结果对比分析

本章结合该矿3号煤层伪顶厚、瓦斯含量高、煤质松软等地质特征条件和现场实测煤层渗透率、孔隙率等以及矿上存档资料等，对综放开采Y型通风条件下工作面流场和瓦斯分布进行了数值模拟和分析，将数值模拟结果与现场实测分析结果进行对比分析，数值模拟分析结果与现场实测分析结果较为一致：采用分段留巷Y型通风方式，工作面流场分布和瓦斯分布比较稳定，瓦斯浓度较低，符合相关规定要求，工作面与进风巷交界面附近上隅角的瓦斯可得到有效治理，但在靠近留巷段的采空区仍存在瓦斯积聚现象。

4.6　本　章　小　结

根据现场地质条件和实测参数运用COMSOL Multiphysics物理仿真模拟软件对高瓦斯煤层综放开采Y型通风条件下工作面流场分布和瓦斯分布情况进行了数值模拟，并将模拟结果与现场实测结果进行对比分析验证；同时，进一步验证所研发的采空区瓦斯浓度区域分布三维实测装备和技术的实用性和可靠性。对模拟结果进行分析，得到的主要结论如下：

（1）采用综放开采Y型通风方式可以在一定程度上减小上隅角瓦斯积聚现象，但上隅角瓦斯积聚现象并未完全消失，而是沿着留巷延伸方向向采空区深部发生推移，在近留巷的采空区出现瓦斯积聚现象。

（2）沿空留巷段上隅角瓦斯积聚浓度远大于同一位置截面平均浓度的数倍，存在瓦斯事故安全隐患，可通过调整巷道通风压力和配风量减少瓦积聚现象。

（3）综放开采Y型通风条件下，工作面瓦斯分布比较稳定且瓦斯浓度较低，符合相关安全规程规定；运输巷风流进入工作面后，在工作面右侧邻近进风巷附近与进风巷风流汇合，使得上隅角和近工作面留巷段瓦斯浓度降低，但高浓度瓦斯区域有向沿空留巷深部转移的趋势，在靠近留巷侧的采空区的一定范围内形成高瓦斯浓度区域，这与现场实测所得结论相吻合，说明所研发的采空区瓦斯浓度区域分布三维实测装备和技术是可靠的。

5 采空区采动裂隙场瓦斯运移规律研究

5.1 概　述

　　煤层受到采动影响时，应力平衡状态被打破并导致煤层、岩层应力发生重新分布，在工作面前方形成支承压力，在采空区上方上覆岩层产生不同下沉量的移动并形成采动裂隙场。随着工作面的不断推进，工作面前方的支承压力分布规律及采空区上方的采动裂隙场也发生时空演化，使得煤层内部结构发生变化，使其吸附瓦斯解吸出来形成游离瓦斯，导致工作面前方及采空区上方采动裂隙场中瓦斯运移规律随之改变；而且当煤层本身物理力学性质不同、煤层顶底板性质不同、工作面推进距离不同、开采方式不同等各种因素不同时，均会影响工作面前方的支承压力分布规律及采空区上方的采动裂隙场分布，导致工作面前方及采空区上方采动裂隙场中瓦斯流动规律不同。

　　工作面前后上覆岩层受采动影响其应力变化、变形及移动产生的"横三区"和"竖三带"的分布情况如图5-1所示，对应工作面前后支承压力和采空区上方采动裂隙场的分布情况如图5-2所示。

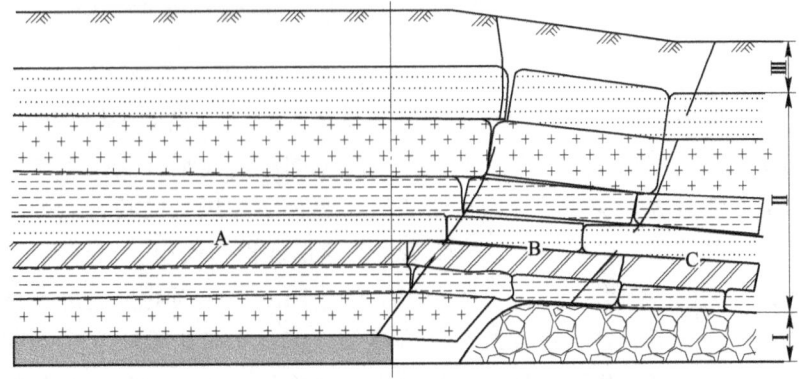

图5-1　工作面前后采动覆岩移动破坏"横三区"和"竖三带"的分布规律

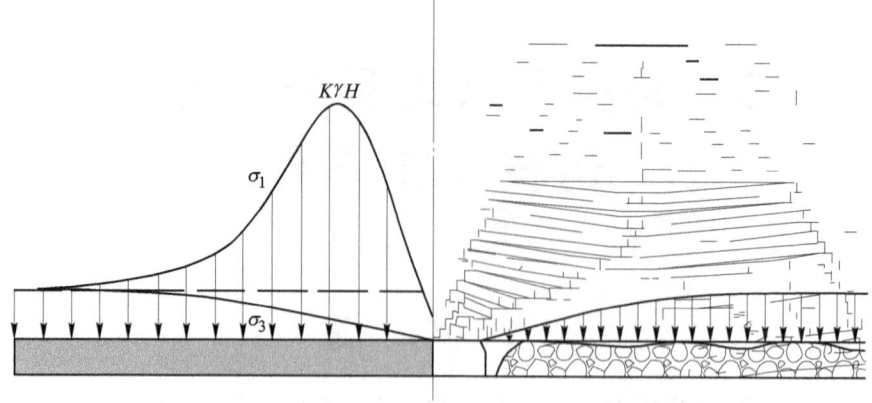

图 5-2　工作面前方支承压力及采空区上方采动裂隙场分布情况

　　由于煤层、岩层性质不同,受到采动影响时工作面前后方上覆岩层的载荷呈现非均匀分布的特点,岩层的变形表现为不协调变形,根据岩层的应力变化、变形特征及移动规律,工作面前后上覆岩层在水平方向可以划分为三个区,称为"横三区",分别为煤壁支撑影响区、离层区和重新压实区;在垂直方向自下而上可以划分为三个带,称为"竖三带",分别为冒落带、裂隙带和弯曲下沉带,其三区和三带的分布情况受采动影响发生时空动态演化。

　　(1) 工作面前后上覆岩层的"横三区"为:

　　1) 煤壁支撑影响区。煤壁支撑影响区是由于受到采动影响煤层上方应力发生重新分布,使上覆岩层在工作面前方 30~40m 处就开始变形,此区内岩层的水平移动较为剧烈,垂向位移较小。当工作面推过此区域,垂直位移才会开始急剧增加。

　　2) 离层区。采空区上方的上覆岩层在裂隙带内断裂成整齐排列的岩块,破断的岩块间由于相互挤压受到水平推力从而形成三铰拱的平衡结构,当咬合点的挤压力超过咬合点的接触面的强度极限时咬合点局部受拉造成咬合处岩块破坏并使其进一步回转导致变形失稳;另外,在拱脚的咬合点处摩擦力与剪切力相互作用,当剪切力大于摩擦力时会形成滑落失稳。根据现场实测,上覆岩层移动曲线的形态呈现首先下凹,然后随着工作面的推进逐渐恢复水平状态的过程。顶板岩层垂直位移急剧增加,但由于各岩层所受采动载荷的不同导致移动速度不相同,越向上越缓慢,从而形成具有层间裂隙和竖向破断裂隙的离层区。

　　3) 重新压实区。随着工作面的推进,采空区上方上覆岩层形成由"煤壁—工作面支架—采空区已冒落矸石"的支撑体系支撑，变形曲线趋于缓和，而且各岩层的移动速度表现为邻近煤层的岩层移动速度小于远离煤层的岩层移动速度，各岩层进入相互压合的过程，从而形成重新压实区。采空区后方已冒落矸石只承受重新压实区岩层的重量，因此其应力一般只能恢复到比原岩应力稍大一点或稍小一点的程度。

（2）采空区上方上覆岩层的"竖三带"为：

1）冒落带。在自重及上覆岩层重力作用下，靠近采空区的煤岩层由于煤层的开采失去平衡，出现断裂、破碎、塌落堆积于采空区并逐渐向上发展，称为冒落带。在冒落带内，破断后的岩块呈不规则垮落并充满采空区，碎胀系数比较大，一般可达 1.3~1.5；重新压实区岩层的碎胀系数较小，在 1.03 左右。

2）裂隙带。裂隙带是采空区上方的上覆岩层破断以后岩块仍然排列比较整齐的区域，在上覆岩层重力作用下出现裂隙或断裂，岩层移动变形较大。裂隙带位于冒落带之上。裂隙带中岩层受到采动影响主要产生两类采动裂隙：离层裂隙和竖向破断裂隙，形成煤层瓦斯运移的通道和瓦斯富集的区域。

3）弯曲下沉带。弯曲下沉带位于裂隙带之上，岩层变形移动较小，其整体性未遭破坏，且呈现连续平缓的弯曲变形。岩层内不同位置的移动下沉量不同，弯曲下沉带内岩层距离煤层越近，煤层开挖后岩层下沉速度越快。

裂隙带内上覆岩层受到采动影响发生移动破坏时，形成"O-X"形破坏特征，具体为：首先在长边的中心部位发生断裂，裂缝沿着两条长边方向继续扩展到一定程度时在短边的中部形成裂缝，当四周裂缝贯通时裂缝形态呈"O"形；然后板中部逐渐形成裂缝并呈"X"形破断，且与"O"形圈裂隙相连，如图 5-3 所示；同时随着工作面的不断推进，上覆岩层的"O-X"形破坏特征不断扩展，形成的采动裂隙环形圈如图 5-4 所示。

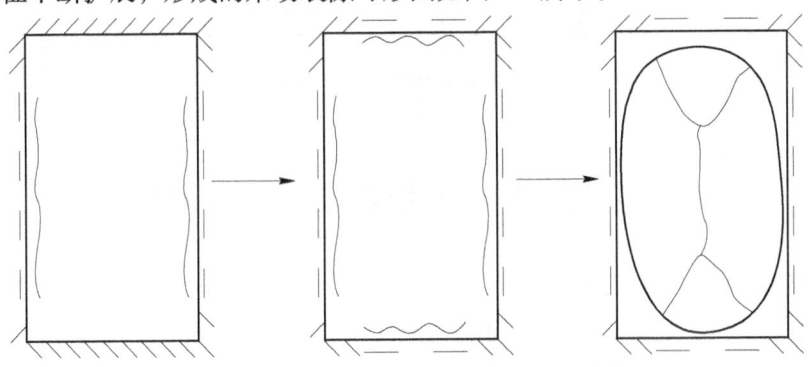

图 5-3　上覆岩层"O-X"形破断

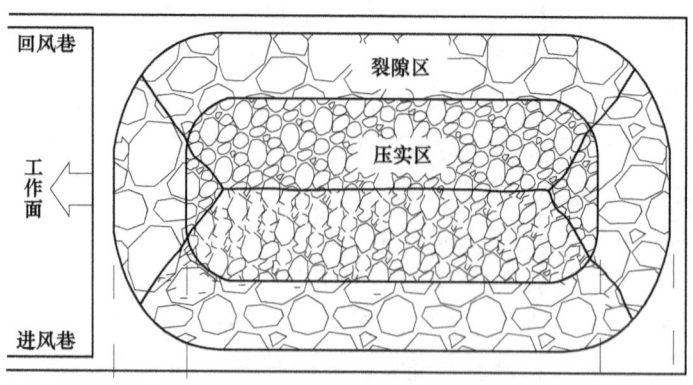

图 5-4　采动裂隙环形圈示意图

由于采空区上方上覆岩层移动的不协调性，各上覆岩层形成的环形裂隙圈均有差异，形成如图 5-5 所示的采动裂隙梯形台。当推进到一定距离时，采动裂隙场形态为环形梯台，其内部梯台与外部梯台的左断裂角、右断裂角均不同，且内部梯台与外部梯台间的环形裂隙带的左边、右边的宽度不同。

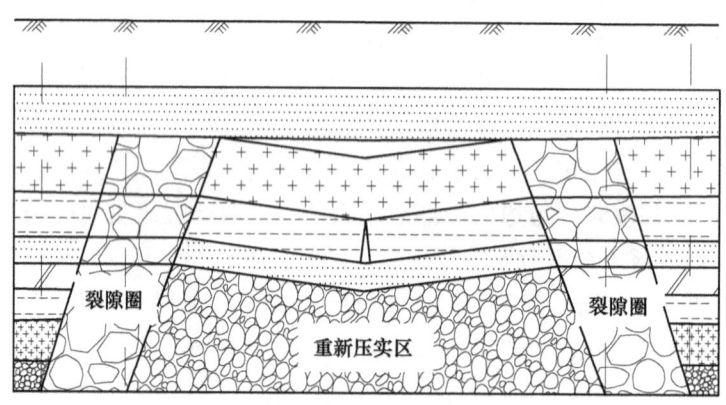

图 5-5　采动裂隙梯形台示意图

5.2　采动影响下煤层瓦斯运移数学模型

煤岩是包含孔隙和裂隙的多孔介质，随着工作面的不断推进，煤岩内部结构发生变化，孔隙、裂隙结构改变使其孔隙率发生变化，引起瓦斯和空气的混合气体在采动裂隙场中的运移发生动态演化。为此，本书建立了采动影响下煤层瓦斯运移的数学模型。

5.2.1 含瓦斯煤岩变形场方程

假设含瓦斯煤岩为线弹性的各向同性的、均匀多孔介质，其变形满足广义胡克定律。含瓦斯煤岩的变形包括有效应力变化产生的弹性变形、煤体吸附瓦斯产生的吸附膨胀变形、瓦斯解吸产生的体积收缩变形。

受采动影响含瓦斯煤岩的应力场和变形场方程由质量守恒方程（连续性方程）、动量守恒方程（应力平衡方程）、几何方程（应变-位移方程）及本构方程（应力-应变方程）四部分组成。含瓦斯煤岩在应力及瓦斯压力作用下，具有 2 个位移矢量，即固体骨架的位移矢量 $\boldsymbol{u}_s$ 和流体的位移矢量 $\boldsymbol{u}_1$，相应地还有固体骨架的速度矢量 $\boldsymbol{v}_s$ 和流体的速度矢量 $\boldsymbol{v}_1$。

（1）连续性方程。由煤岩固体骨架质量遵循守恒定律，煤岩固体骨架的连续性方程为：

$$\frac{\partial(1-\phi)\rho_s}{\partial t} + \nabla\cdot\left[(1-\phi)\rho_s\,\boldsymbol{v}_s\right] = 0 \tag{5-1}$$

式中，ρ_s 为煤岩固体骨架的密度，kg/m^3；t 为时间，s；$\boldsymbol{v}_s$ 为固体骨架的速度矢量。

（2）应力平衡方程。根据多相介质的动量守恒定律，含瓦斯煤岩的平衡方程为：

$$\sigma_{ij,j} + F_i = 0 \tag{5-2}$$

式中，$\sigma_{ij,j}$ 为应力张量分量；F_i 为体积应力分量。

（3）几何方程。基于煤岩发生的变形为小变形的假设，含瓦斯煤岩的几何方程为：

$$\varepsilon_{ij} = \frac{1}{2}(u_{i,j} + u_{j,i}) \tag{5-3}$$

式中，ε_{ij} 为应变分量；$u_{i,j}$ 为位移分量。

（4）本构方程。含瓦斯煤岩的本构方程为：

$$\varepsilon_{ij} = \frac{1}{2G}\sigma_{ij} - \left(\frac{1}{6G} - \frac{1}{9K}\right)\sigma_{kk}\delta_{ij} + \frac{\alpha}{3K}p\delta_{ij} + \frac{\varepsilon_s}{3}\delta_{ij} \tag{5-4}$$

式中，G 为剪切模量，MPa，$G = \dfrac{E}{2(1+\nu)}$；ν 为煤岩的泊松比；K 为煤岩的体积模量，MPa，$K = \dfrac{E}{3(1-2\nu)}$；α 为有效应力系数，$\alpha = 1 - \dfrac{K}{K_s}$；$K_s$ 为煤岩骨架的体积模量，MPa；$\sigma_{kk} = \sigma_{11} + \sigma_{22} + \sigma_{33}$；$\delta_{ij}$ 为 Kronecker 符号。

联立式（5-2）~式（5-4）可得以位移表示的并考虑孔隙瓦斯压力力学作用及瓦斯吸附作用的 Navier 形式的煤体变形方程：

$$Gu_{i,kk} + \frac{G}{1-2\nu}u_{k,ki} - \alpha p_{s,i} - K\varepsilon_{s,i} + F_i = 0 \qquad (5\text{-}5)$$

5.2.2　煤岩瓦斯流动场方程

5.2.2.1　连续性方程

瓦斯在煤岩中的流动遵循质量守恒定律，如不考虑质量源（汇），瓦斯的连续性方程为：

$$\frac{\partial(\rho_g\phi)}{\partial t} + \nabla\cdot(\rho_g\phi\boldsymbol{v}_g) = 0 \qquad (5\text{-}6)$$

采动裂隙场中瓦斯在空气中的输送要满足瓦斯质量守恒定律，即考虑瓦斯质量源，瓦斯的连续性方程为：

$$\frac{\partial(\rho_g c_g)}{\partial t} + \frac{\partial}{\partial x_i}(\rho_g c_g u_i) = -\frac{\partial}{\partial x_i}(J_g u_i) + S_g \qquad (5\text{-}7)$$

式中，u_i 为 i 方向上多孔介质的平均流速；S_g 为瓦斯源项的额外产生率；J_g 为瓦斯的扩散通量。

式（5-6）中处于层流状态时的混合气体扩散通量为：

$$J_g = -D\rho_g \frac{\partial}{\partial x_i}(c_g u_i) \qquad (5\text{-}8)$$

式中，D 为混气中瓦斯的扩散系数。

式（5-6）中处于紊流状态时的混合气体扩散通量为：

$$J_g = -\left(D\rho_g + \frac{\mu_i}{Sc_t}\right)\frac{\partial}{\partial x_i}(c_g u_i) \qquad (5\text{-}9)$$

式中，Sc_t 为湍流施密特数，一般取 0.7。

5.2.2.2　动量守恒方程

对一给定的流体系统，其动量的时间变化率等于作用于其上的外力总和。对于多孔介质，在惯性（非加速）坐标系中 i 方向上的动量守恒方程为：

$$\frac{\partial(\rho_g u_i)}{\partial t} + \frac{\partial}{\partial x_j}(\rho_g u_i u_j) = \frac{\partial\tau_{ij}}{\partial x_j} - \frac{\partial p}{\partial x_i} + \rho_g g_i + F_i \qquad (5\text{-}10)$$

式中，τ_{ij} 为应力张量，$\tau_{ij}=\mu_{eff}\left[\left(\frac{\partial u_i}{\partial x_j}+\frac{\partial u_j}{\partial x_i}\right)-\frac{2}{3}\frac{\partial u_i}{\partial x_i}\delta_{ij}\right]$；$\delta_{ij}$ 为 Kroneker 符号；g_i

为 i 方向上的重力体积力和外部体积力；F_i 为自定义及多孔介质的源项。

动量守恒方程还可以用如下形式表达：

$$\frac{\partial}{\partial t}(\rho_g u_x) + \frac{\partial}{\partial x_j}(\rho_g u_x u_j) = \frac{\partial}{\partial x_j}\left(\mu_{\text{eff}}\frac{\partial u_x}{\partial x_j}\right) - \frac{\partial P}{\partial x} + \rho_g g_x + Q_x \tag{5-11}$$

$$\frac{\partial}{\partial t}(\rho_g u_y) + \frac{\partial}{\partial x_j}(\rho_g u_y u_j) = \frac{\partial}{\partial x_j}\left(\mu_{\text{eff}}\frac{\partial u_y}{\partial x_j}\right) - \frac{\partial P}{\partial y} + \rho_g g_y + Q_y \tag{5-12}$$

$$\frac{\partial}{\partial t}(\rho_g u_z) + \frac{\partial}{\partial x_j}(\rho_g u_z u_j) = \frac{\partial}{\partial x_j}\left(\mu_{\text{eff}}\frac{\partial u_z}{\partial x_j}\right) - \frac{\partial P}{\partial z} + \rho_g g_z + Q_z \tag{5-13}$$

$$Q_i = \frac{\partial}{\partial x}\left(\mu_{\text{eff}}\frac{\partial u_i}{\partial x_i}\right) - \frac{2}{3}\frac{\partial}{\partial x_i}\left(\frac{\partial u_j}{\partial x_j}\right) + F_i \tag{5-14}$$

多孔介质的源项由两部分组成：一部分是黏性损失项，另一部分是内部损失项，表达式为：

$$F_i = \sum_{j=1}^{3} D_{ij}\mu_{\text{eff}} q_j + \sum_{j=1}^{3} C_{ij}\frac{1}{2}\rho_g|q_j|q_j \tag{5-15}$$

式中，D_{ij}、C_{ij} 为规定的矩阵。

5.2.2.3 运动方程

由于瓦斯在煤岩中流动的通道及黏性作用比较复杂，因此瓦斯流体在煤岩多孔介质中的流动需根据不同区域进行运动方程的描述。在工作面前方、工作面及采空区区域的流动方程分别选择 Darcy 定律、Navier-Stokes 方程和 Brinkman 方程，如图 5-6 所示。

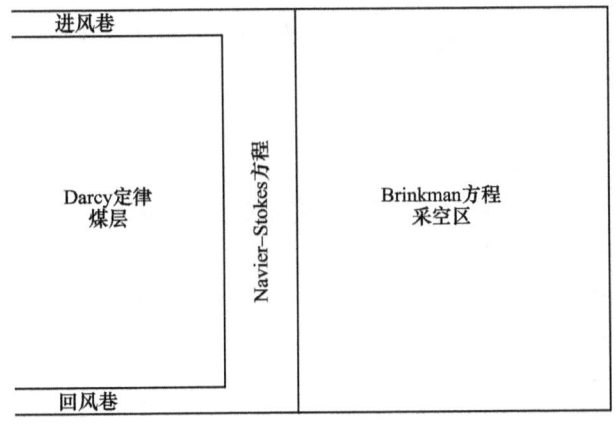

图 5-6 工作面前后不同区域流体运动方程描述示意图

A　工作面前方流体运动方程

煤层内气体流动用雷诺数来判定流体流动状态，雷诺数表达式为：

$$Re = \frac{qk}{\nu d_{\mathrm{m}}} \tag{5-16}$$

式中，q 为气体流动速度，m/s；k 为渗透率，m^2；ν 为运动黏性系数，m^2/s；d_{m} 为平均调和粒径，m。

当雷诺数 $Re \leqslant 2320$ 时为层流；$2320 < Re < 4000$ 时为过渡流；$Re \geqslant 4000$ 时为紊流。

当流体流动状态为层流时，将煤层内气体流动特性视为线性，其流动符合达西定律：

$$u = -\frac{K}{\mu} \frac{\mathrm{d}p}{\mathrm{d}x} \tag{5-17}$$

式中，u 为煤层内气体流动的速度，m/s；K 为煤岩多孔介质的渗透率，m^2；μ 为流体的动力黏度，Pa/s；$\mathrm{d}p/\mathrm{d}x$ 为流体压力梯度。

当流体流动状态为紊流时，煤层内气体流动特性视为非线性，即为非达西流动，其流体压力梯度如下式表示：

$$-\frac{\mathrm{d}p}{\mathrm{d}x} = \frac{\mu}{K}u + \beta\rho u^n \tag{5-18}$$

式中，指数 n 为与煤岩多孔介质特性有关的值；β 为非达西流 β 因子。

工作面前方煤岩渗透率与其所受的有效应力相关，考虑瓦斯压力的力学作用及吸附作用双重效应，采用能够表征采动影响的加卸载条件下煤岩渗透率与有效应力关系式表达：

$$k = ck_0 \exp\left(d\left[\varTheta - 3p\left\{ 1 - \frac{3K(1-2\nu_{\mathrm{s}})}{E_{\mathrm{s}}}\left[1 - \frac{\rho RT\mathrm{aln}(1+bp)}{p(1-\varphi)} \right] \right\} \right] \right)$$

$$\tag{5-19}$$

B　工作面流体运动方程

工作面前后不同区域的流动转化问题可用 Navier-Stokes 方程和 Brinkman 方程来描述。Navier-Stokes 方程的场变量是速度矢量（$\boldsymbol{u}$）和压力（p）。Navier-Stokes 运动方程能很好地描述管道内流体的流动规律，流体流动较快，可以通过 Navier-Stokes 运动方程求解。Navier-Stokes 运动方程为：

$$-\nabla \cdot \eta\left[\nabla\boldsymbol{u}_{\mathrm{ns}} + (\nabla\boldsymbol{u}_{\mathrm{ns}})^{\mathrm{T}} \right] - \rho_{\mathrm{g}}(\boldsymbol{u}_{\mathrm{ns}} \cdot \nabla)\boldsymbol{u}_{\mathrm{ns}} + \nabla p_{\mathrm{ns}} = 0 \tag{5-20}$$

$$\nabla \cdot \boldsymbol{u}_{\mathrm{ns}} = 0$$

式中，η 为黏性系数，kg/(m · s)；$\boldsymbol{u}$ 为速度矢量，m/s；ρ_{g} 为流体密度，

kg/m³；p 为压力，MPa；下标 ns 表示采用 Navier-Stokes 运动方程来描述。

C 采空区流体运动方程

Brinkman 方程描述了介于 Darcy 流动和 Navier-Stokes 流动之间的一种流动情况。同 Navier-Stokes 方程一样，Brinkman 方程的场变量也是速度矢量（$\boldsymbol{u}$）和压力（p）。多孔介质中流体流动速度比较小时其流动由 Darcy 定律描述，不考虑剪应力引起的动量传递；当流动速度比较大时，考虑剪应力引起的能量传递，这时采用 Brinkman 运动方程来描述多孔介质中的流动：

$$- \nabla \cdot \eta \big[\nabla \boldsymbol{u}_{\mathrm{br}} + (\nabla \boldsymbol{u}_{\mathrm{br}})^{\mathrm{T}} \big] - \big(\frac{\eta}{k} \boldsymbol{u}_{\mathrm{br}} + \nabla p_{\mathrm{br}} - F \big) = 0 \tag{5-21}$$

$$\nabla \cdot \boldsymbol{u}_{\mathrm{br}} = 0$$

式中，k 为渗透率，m²；下标 br 表示采用 Brinkman 运动方程来描述。

5.2.2.4 对流-扩散方程

流体在多孔介质流场中的溶质传输可用多孔介质对流-扩散方程来描述：

$$\theta_{\mathrm{s}} \frac{\partial c}{\partial t} + \nabla \cdot (- \theta_{\mathrm{s}} D_{\mathrm{L}} \nabla c + uc) = S_{\mathrm{c}} \tag{5-22}$$

式中，θ_{s} 为流体体积率；c 为溶解浓度，kg/m³；D_{L} 为压力扩散张量，m²/d；S_{c} 为每单位时间单位体积多孔介质中溶质的增加量，即瓦斯的相对涌出速度。

瓦斯的相对涌出速度表达式为：

$$\theta D_{\mathrm{L}ii} = \alpha_1 \frac{\mu_i^2}{U} + \alpha_2 \frac{\mu_j^2}{U} \tag{5-23}$$

$$\theta D_{\mathrm{L}ij} = (\alpha_1 - \alpha_2) \frac{\mu_i \mu_j}{U} \tag{5-24}$$

式中，$D_{\mathrm{L}ii}$ 为扩散张量的主分量；$D_{\mathrm{L}ij}$ 为交叉项；α 为扩散率；下标 i、j 分别表示纵向方向和横向方向。

瓦斯在采场的运移遵守流体动力弥散定律，其运动基本符合线性扩散定律——菲克定律。菲克定律描述的是系统中 i 物质的扩散达到稳定状态时，i 物质在单位时间内通过垂直于扩散方向的单位截面积的扩散物质流量，与该截面处的浓度梯度成正比，表达式为：

$$\boldsymbol{J}_i = - D_i \frac{\mathrm{d} c_i}{\mathrm{d} x} \tag{5-25}$$

式中，$\boldsymbol{J}_i$ 为 i 物质的扩散通量，kg/(m²·s)；c_i 为 i 物质的相对（质量）浓度，$c_i = m_i / V$；$\mathrm{d} c_i / \mathrm{d} x$ 为 i 物质的浓度梯度，即 x 方向上单位距离上 i 物质的浓

度差。

当采场中瓦斯浓度未达到稳定时，即扩散过程尚未达到稳定状态前，i 物质浓度随时间 t 和位置的扩散服从偏微方程：

$$\frac{\partial c}{\partial t} = D\left(\frac{\partial^2 c}{\partial r^2} + \frac{2}{r}\frac{\partial c}{\partial r}\right) \tag{5-26}$$

式中，r 为极坐标半径；t 为时间。

5.2.3　煤岩固体骨架及瓦斯流体状态方程

煤岩固体骨架及瓦斯流体除了遵循连续性方程、动量守恒方程及运动方程外，还需要对反应物质特性的煤岩固体及瓦斯流体的状态方程进行补充说明。

5.2.3.1　煤岩固体骨架状态方程

煤岩固体骨架受到有效应力及流体压力作用时，固体密度 ρ_s 表达式为：

$$\rho_s = \rho_{s0}\left[1 + \frac{p - p_0}{K_m} - \frac{tr(\sigma' - \sigma_0')}{(1 - \varphi)3K_m}\right] \tag{5-27}$$

式中，ρ_s 为固体密度，kg/m^3；σ' 为煤岩固体骨架受到的有效应力，MPa；K_m 为煤岩固体基质的体积模量，MPa；φ 为煤岩多孔介质的孔隙度；p 为孔隙瓦斯压力，MPa；p_0 为初始孔隙瓦斯压力，MPa；σ_0' 为煤岩固体骨架受到的初始有效应力，MPa。

有效应力表达式为：

$$\boldsymbol{\sigma} = 2G\boldsymbol{\varepsilon} + \lambda tr(\boldsymbol{\varepsilon})\boldsymbol{I} - \alpha p\boldsymbol{I} \tag{5-28}$$

5.2.3.2　气体状态方程

根据井下开采实际，井下气体的组成主要包括广义的瓦斯和通风系统提供的新鲜空气。不同比例两种气体的混合气体密度大小与空气密度及瓦斯气体密度呈线性规律，即

$$\rho = \chi\rho_{air} + (1 - \chi)\rho_g \tag{5-29}$$

式中，ρ 为瓦斯气体及空气两种气体的混合气体的密度，kg/m^3；χ 为空气占混合气体的比例；ρ_{air} 为空气的密度，kg/m^3；ρ_g 为瓦斯气体的密度，kg/m^3。

表征瓦斯气体的体积随着煤层的温度、瓦斯气体压力及组分之间变化关系的方程为瓦斯气体状态方程。假设瓦斯气体为理想气体，当煤层内温度变化不大时，可视为等温过程，瓦斯气体状态方程服从波义耳-盖吕萨克定律，

即为：

$$\rho_g = \frac{p}{p_n}\rho_n \qquad (5-30)$$

式中，p 为孔隙瓦斯压力，MPa；p_n 为标准大气压，MPa；ρ_n 为瓦斯气体在标准大气压下的密度，kg/m³。

考虑瓦斯气体的可压缩性，真实瓦斯气体的状态方程为：

$$\rho_g = \frac{p}{\beta p_n}\rho_n \qquad (5-31)$$

式中，β 为瓦斯气体的压缩因子，对于等温过程，β 仅为孔隙瓦斯压力 p 的函数；对理想气体 $\beta = 1$。

5.2.4 煤层瓦斯含量方程

一般来说，煤层瓦斯以吸附和游离两种状态赋存于煤层中，即煤层的总瓦斯含量为吸附瓦斯含量与游离瓦斯含量之和。煤岩孔隙表面积极大，煤岩对瓦斯的吸附作用属于物理吸附，服从 Langmuir 单分子层吸附方程，即煤层瓦斯的吸附含量为：

$$M_x = \frac{abcpp_n}{(1+bp)RT} \qquad (5-32)$$

式中，M_x 为单位体积煤岩所含吸附状态瓦斯的质量，kg/m³；a 为参考压力下煤岩的极限吸附量，m³/t；b 为煤岩的吸附平衡常数，MPa⁻¹；c 为单位体积煤岩中吸附瓦斯的质量，t/m³；p_n 为参考瓦斯压力，一般取标准状况下的大气压，MPa；p 为吸附瓦斯浓度达到平衡时的瓦斯压力，MPa；R 为瓦斯的气体常数，J/(mol·K)；T 为煤层的温度，K。

游离瓦斯含量和吸附瓦斯含量所占比例不同，通常吸附瓦斯含量占煤层中总瓦斯含量的 10% 左右，游离瓦斯含量占煤层中总瓦斯含量的 90% 左右。而且，当瓦斯赋存的煤层本身物理性质、所处应力环境及温度环境发生变化时，吸附瓦斯含量与游离瓦斯所占煤层中总瓦斯含量的比例会发生变化。游离瓦斯在煤岩体裂隙内与普通的可压缩性气体一样流动，因此可以用等温理想气体方程来描述：

$$M_y = \phi\frac{p}{RT} \qquad (5-33)$$

煤层的总瓦斯含量为吸附瓦斯含量与游离瓦斯含量之和，表达式为：

$$M = \frac{abcpp_n}{(1+bp)RT} + \phi\frac{p}{RT} \qquad (5-34)$$

5.3 采空区上方采动裂隙场瓦斯运移规律数值模拟研究

煤层采动后在采空区上方上覆岩层一定范围内自下而上形成"三带"：冒落带、裂隙带和弯曲下沉带。裂隙带中岩层受到采动影响产生两类采动裂隙——离层裂隙和竖向破断裂隙。离层裂隙是由于不同岩层的力学性质差异较大，不同岩层下沉量不同所导致的层间裂隙，使煤岩层产生膨胀变形而使瓦斯卸压解吸，并为卸压瓦斯提供储存空间；竖向破断裂隙主要是由于冒落带岩石不断被压实，上部岩层弯曲下沉受拉及上位岩层受剪，它是沟通上岩层与下岩层内卸压瓦斯流通的通道，因此也称为导气裂隙。采空区上方上覆岩层中有一部分区域既包含有离层裂隙又包含有竖向破断裂隙，这部分区域的裂隙能够与下部采空区或抽采瓦斯的巷道连通，煤层中的卸压瓦斯会不断沿着这类裂隙通道向瓦斯富集区运移，这部分区域煤岩中部分吸附瓦斯会转化为游离瓦斯；另外一部分区域裂隙为仅沿层面延伸且不上下贯通的离层裂隙，此部分瓦斯卸压解吸后只能在离层裂隙内流动，在这部分区域内保持平衡。因此，上覆岩层采动裂隙场的分布情况决定了采动裂隙场中瓦斯运移规律。

目前，国内外学者对采空区上方采动裂隙场中瓦斯运移规律进行了大量研究。钱鸣高院士、许家林[111,112]基于岩层控制的关键层理论，应用模型实验、图像分析、离散元模拟等方法，提出煤层采动后上覆岩层采动裂隙呈两阶段发展规律并形成"O"形圈分布特征；刘泽功[113]通过模拟实验研究，认为在采空区四周存在一个纵向的"环型裂隙圈"，并认为该圈有可能是瓦斯富集区；煤炭科学研究总院刘天泉院士等[114]提出了覆岩裂隙带内离层裂隙的产生因素；李树刚[115]对采动裂隙场进行了分类，分析了采空区上方裂隙场与工作面前方裂隙场的形成机理与特征，并提出了覆岩采动裂隙带是经破断与离层裂隙贯通后在空间形成关键层下似椭圆抛物面内外边界所包围的椭抛带分布。

由于目前尚未发现一种既可以很好地模拟覆岩采动裂隙场时空演化，又可以模拟瓦斯气体运移的软件，因此在研究采动裂隙场内瓦斯运移规律时，采用 UDEC 软件和 COMSOL 软件相结合的办法。先用 UDEC 软件模拟开采过程中裂隙场的演化形态，然后将由 UDEC 得到的采动裂隙场通过图像处理方法得到空间形态图导入 COMSOL 中，再模拟瓦斯气体的运移。

5.3.1 UDEC 数值模拟软件简介

UDEC 是一款适用于岩石、土体、支护结构等土工分析的二维数值分析软件，该软件主要用于岩石边坡的渐进破坏研究及评价岩体的节理、裂隙、断层、层面对地下工程和岩石基础的影响，适用于模拟节理岩石系统或者不连续块体集合体系等非连续介质在静力或动力荷载作用下的响应，并可以模拟对象的破坏过程。

采用刚性块体还是采用表征完整岩石特征的变形块体的决策是不连续介质分析的一个重要问题，特别是对于地下工程的稳定性分析和深埋结构的动力响应的研究中，其块体的变形特性更为重要，分析块体的变形特征时一个重要因素是表征受侧向约束的"泊松比效应"。这是因为节理和完整岩石对侧向压力是敏感的：其破坏准则是侧向压力的函数（即摩尔-库仑准则）。

岩体有效泊松比由两个部分组成：（1）由节理位移产生；（2）由完整岩石的弹性性质引起。除非在浅埋条件或低侧向应力水平，完整岩石的压缩性对整个岩体的压缩性起到重要作用。因此，完整岩石泊松比对节理岩体泊松比产生重要影响。泊松效应定义为：当在垂直方向施加荷载的条件，不允许在水平方向产生应变（位移）时水平应力与垂直应力之比。

假设平面应变条件下，各向同性弹性材料的泊松效应为：

$$\frac{\sigma_{xx}}{\sigma_{yy}} = \frac{\nu}{1-\nu} \tag{5-35}$$

推导垂直节理模型的泊松效应如图5-7所示。如果该节理用刚性块体模拟，施加的垂直应力将根本不产生水平应力，会忽略由完整岩石的泊松比产生的水平应力，这显然不符合实际条件。

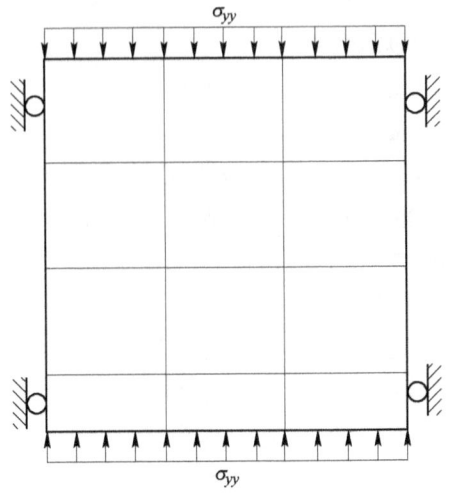

图5-7　岩体内具有水平和垂直节理的泊松效应模型

　　若节理和岩块以串联方式相互作用，则作用在节理上的应力等于作用在岩块上，节理岩体的总应变是节理应变和岩块应变之和。岩体弹性性质可以通过叠加节理的变形和岩块的变形得到：

$$\begin{bmatrix} \varepsilon_{xx} \\ \varepsilon_{yy} \end{bmatrix} = (C^{\text{rock}} + C^{\text{jointing}}) \begin{bmatrix} \sigma_{xx} \\ \sigma_{yy} \end{bmatrix} \tag{5-36}$$

假设完整岩块为各向同性弹性材料，其变形矩阵为：

$$C^{\text{rock}} = \frac{1 + \nu}{E} \begin{bmatrix} 1 - \nu & - \nu \\ - \nu & 1 - \nu \end{bmatrix} \tag{5-37}$$

节理变形矩阵为：

$$C^{\text{jointing}} = \begin{bmatrix} \dfrac{1}{sk_{\text{n}}} & 0 \\ 0 & \dfrac{1}{sk_{\text{n}}} \end{bmatrix} \tag{5-38}$$

式中，s 为节理间距；k_{n} 为节理的法线刚度。

　　假如式（5-36）中 $\varepsilon_{xx} = 0$，则泊松比效应为：

$$\frac{\sigma_{xx}}{\sigma_{yy}} = \frac{C_{12}^{\text{total}}}{C_{11}^{\text{total}}} \tag{5-39}$$

式中，$C^{\text{total}} = C^{\text{rock}} + C^{\text{jointing}}$。

　　因此，节理岩体的总泊松效应为：

$$\frac{\sigma_{xx}}{\sigma_{yy}} = \frac{\nu(1 + \nu)}{E/(sk_{\text{n}}) + (1 + \nu)(1 - \nu)} \tag{5-40}$$

　　由式（5-40）可以看出，泊松效应是节理产状和弹性参数的函数。$E/(sk_{\text{n}})$ 是与节理刚度相关的完整岩块刚度的度量。当 $E/(sk_{\text{n}})$ 值较低时，岩体泊松效应主要由完整岩块的弹性性质控制；当 $E/(sk_{\text{n}})$ 值较高时，泊松效应主要由节理的产状控制。

　　当岩体包含两组等间距且间距为 s、倾角为与 x 轴的夹角为 θ 的节理组，如图 5-8 所示，则节理弹性性质是由法线刚度和切向刚度组成。假设完整岩块为完全刚性，此时，节理模型的泊松效应为：

$$\frac{\sigma_{xx}}{\sigma_{yy}} = \frac{\cos^2\theta[(k_{\text{n}}/k_{\text{s}}) - 1]}{\sin^2\theta + \cos^2\theta(k_{\text{n}}/k_{\text{s}})} \tag{5-41}$$

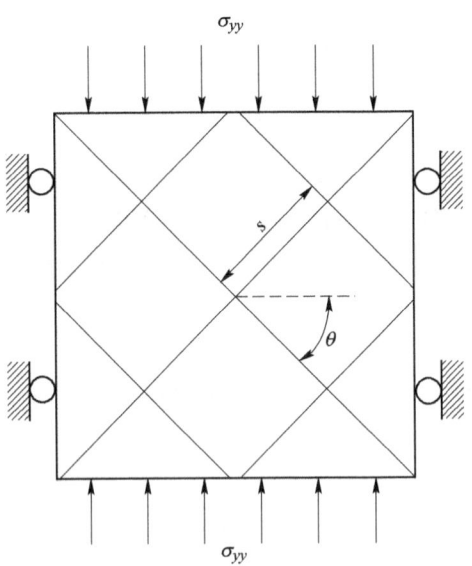

图 5-8 与 x 方向夹角为 θ、间距为 s 的节理岩体泊松效应模型

由式（5-41）可以看出，影响节理模型的泊松效应的因素是剪切刚度与法线刚度的比值，表明在数值分析中节理剪切刚度的合理选取是相当重要的。

节理性质的节理切向和法向刚度等值可从节理岩体变形特性、节理结构以及岩石的变形特征推求。如果节理岩体假设基于等效弹性介质的变形响应，则可以推求出节理岩体性质的等效连续岩体性质的参数。

对于含有一组产状垂直于加载方向且等间距的节理组，节理的法向刚度表达式为：

$$k_n = \frac{E_m E_r}{s(E_r - E_m)} \tag{5-42}$$

式中，E_m 为岩体的杨氏模量，MPa；E_r 为岩石的杨氏模量，MPa；k_n 为节理的法向刚度，N/m^3；s 为节理间距。

节理的剪切刚度表达式为：

$$k_s = \frac{G_m G_r}{s(G_r - G_m)} \tag{5-43}$$

式中，G_m 为岩体的剪切模量，MPa；G_r 为岩石的剪切模量，MPa；k_s 为节理的剪切刚度，N/m^3。

当岩石材料破坏时，破坏准则的选取也是离散元数值模拟分析时重要的影响因素。UDEC 数值模拟中岩石材料破坏基本准则选取摩尔-库仑关系，材料的破坏表现为线性的剪切破坏面，其表达式为：

$$f_s = \sigma_1 - \sigma_3 N_\phi + 2c\sqrt{N_\phi} \qquad (5\text{-}44)$$

式中，$N_\phi = (1 + \sin\phi)/(1 - \sin\phi)$；$\sigma_1$ 为最大主应力，MPa；σ_3 为最大主应力，MPa；ϕ 为内摩擦角，(°)；c 为黏聚力，MPa。

为了简化，将屈服面扩展到 σ_3 等于其抗拉强度张拉强度 σ_t 的区域，最小主应力不能超过抗拉强度：

$$f_t = \sigma_3 - \sigma_t \qquad (5\text{-}45)$$

另外，抗拉强度不能超过 σ_3 的值，该值对应摩尔-库仑关系的上限。抗拉强度的最大值由式（5-46）确定：

$$\sigma'_{max} = \frac{c}{\tan\phi} \qquad (5\text{-}46)$$

5.3.2　数值计算模型的建立

UDEC 数值计算模型以某矿采煤工作面为研究背景，根据煤层工作面综合柱状图及煤岩层的物理力学参数建立的数值计算模型如图 5-9 所示。模拟的煤、岩层的物理力学参数及模型节理的力学参数分别见表 5-1 和表 5-2。建立的模型长 200m，高 100m，工作面推进距离 120m，左右两侧开采边界距模型边界各预留 40m 以消除边界效应，分 12 次开挖，每次开挖 10m。模拟煤层开采深度 890m，煤层厚度为 2.4m，上部边界作用力施加载荷 20MPa，模型左右两侧及底部均为法向位移约束，底部边界限制垂直方向位移。

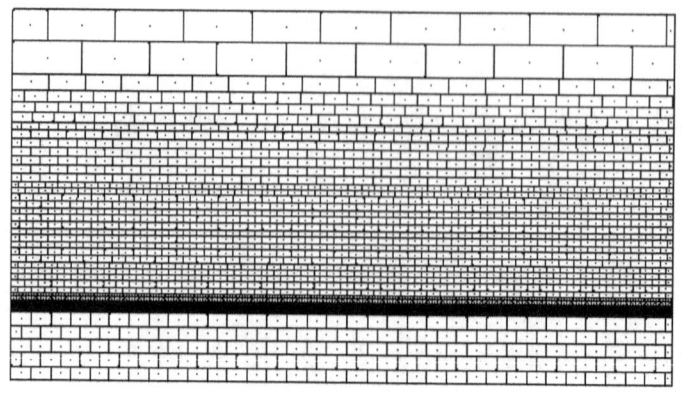

图 5-9　数值模拟计算模型

表 5-1 煤、岩层的物理力学参数

岩性	密度 /kg·cm^{-3}	弹性模量 /GPa	抗压强度 /MPa
泥岩	2.4	17	39
煤	1.4	13	21
砂岩	2.8	41	68.5
砂质泥岩	2.5	20	42.4
中粗砂岩	3.1	43	70.6
细砂岩	2.6	37	58.2

表 5-2 模型节理的力学参数

岩性	法向刚度 /GPa	切向刚度 /GPa	摩擦角 /(°)
泥岩	7	1	30
煤	3	0.3	28
砂岩	21	15	39
砂质泥岩	14	7	34
中粗砂岩	25	17	41
细砂岩	19	13	37

5.3.3 采动裂隙场覆岩移动规律 UDEC 数值模拟研究

煤层采动后在采空区上方上覆岩层一定范围内形成采动裂隙场,采动裂隙场中主要有两类采动裂隙:离层裂隙和竖向破断裂隙,上覆各岩层会有不同程度变形移动,导致在采动裂隙场中的不同位置瓦斯运移和富集的规律不同,因此首先进行采动裂隙场覆岩移动规律的 UDEC 数值模拟研究。

图 5-10~图 5-13 所示为开挖距离分别为 30m、60m、90m、120m 时采动裂隙场的演化形态。从图中可以看出,采空区上方上覆岩层移动的过程是一个动态的时空演化过程,工作面推进不同距离时,采空区上方上覆岩层均形成采动裂隙梯形台;当工作面推进到一定距离时,采动裂隙场形态为由内部梯形台和外部梯形台组成的复合梯形台。

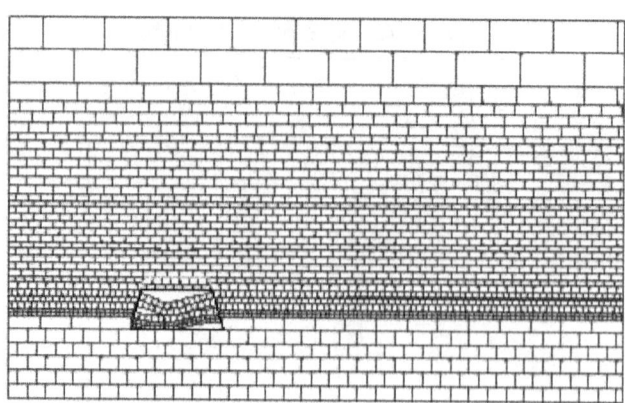

图 5-10   开挖距离为 30m 时采动裂隙场分布形态

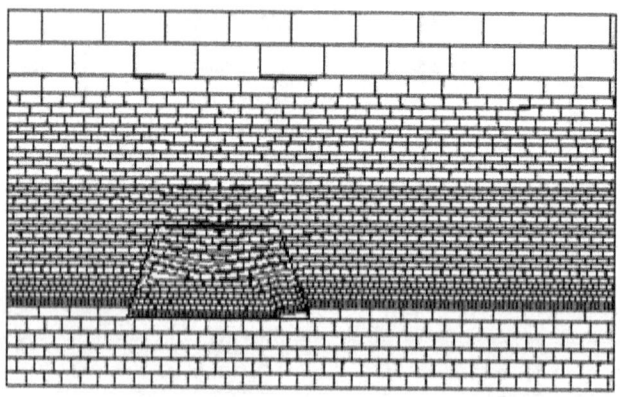

图 5-11   开挖距离为 60m 时采动裂隙场分布形态

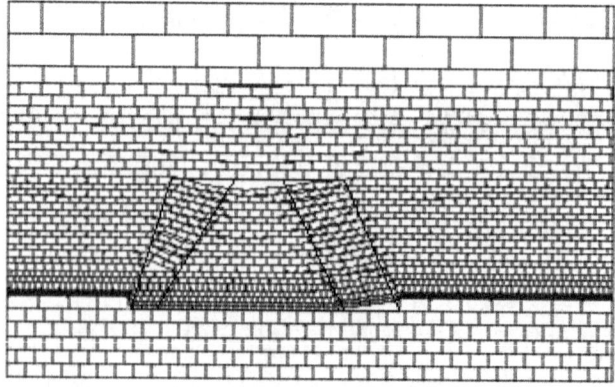

图 5-12   开挖距离为 90m 时采动裂隙场分布形态

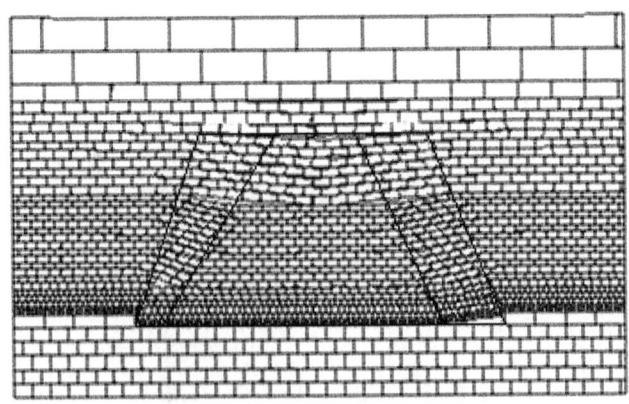

图 5-13　开挖距离为 120m 时采动裂隙场分布形态

随着开挖距离的增加，梯形台的高度也随之增加，其断裂角也发生动态变化。当开挖距离为 30m 时，左侧断裂角与右侧断裂角分别为 73° 和 71°；当开挖距离为 60m 时，左侧断裂角与右侧断裂角分别为 71° 和 70.5°；当开挖距离为 90m 时，外部梯形台左侧断裂角与右侧断裂角分别为 71° 和 67°；当开挖距离为 120m 时，外部梯形台左侧断裂角与右侧断裂角分别为 70° 和 66°。可以明显看出工作面推进不同距离时，左侧断裂角略大于右侧断裂角。当工作面推进距离分别为 90m 和 120m 时，内部梯形台左侧断裂角与右侧断裂角分别为 58.5° 和 64°、58° 和 64.5°，内部梯形台左侧断裂角小于右侧断裂角；而且在梯形台底部，外部梯形台与内部梯形台的左侧间距小于右侧间距，即开切眼侧采动裂隙发育程度较高。

5.3.4　采动裂隙场中瓦斯运移规律的 COMSOL 数值模拟

COMSOL Multiphsics 是一款基于有限元法基础通过求解偏微分方程或偏微分方程组来实现真实多物理场现象耦合的仿真数值模拟软件。其提供了一些内嵌的经典物理模型，包括单物理场和多物理场模型，如化学工程模型、多种结构力学模型、流体力学模型、热传递模型、地球物理模型以及热-流-固、流-力、磁-热等多场耦合模型；并含有功能最灵活的包含系数形式、通式与弱形式三种模式的偏微分方程组，另外可以自定义需要的物理场及其相互关系，而且可以指定各物理量与其他物理量之间的关系并提出恰当的偏微分方程。

由 UDEC 数值模拟得出采动裂隙场的形态后，对裂隙场块体赋予颜色，然后利用 CORE DRAW 软件对采动裂隙场的裂隙进行提取，提取得到的采动裂隙场裂隙分布如图 5-14 所示。

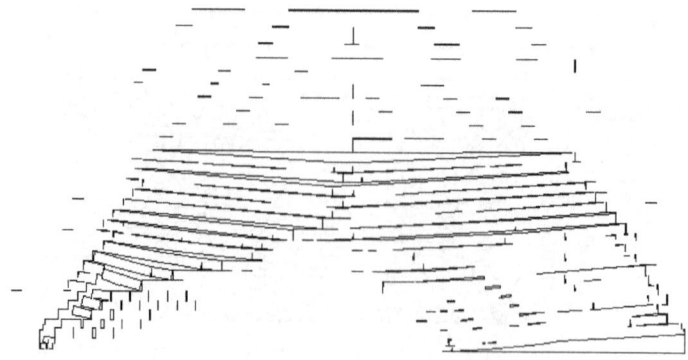

图 5-14　采动裂隙场裂隙分布情况

将提取到的采动裂隙场的裂隙导入到 COMSOL 数值模拟软件中，并对其模型进行网格划分（图 5-15）。

图 5-15　采动裂隙场模型网格划分

煤层瓦斯在采动裂隙场中随时间变化发生动态演化，在不同时间瓦斯运移规律示意图如图 5-16 所示。

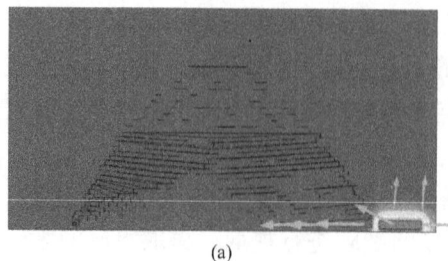

(a)　　　　　　　　　　　　　　　(b)

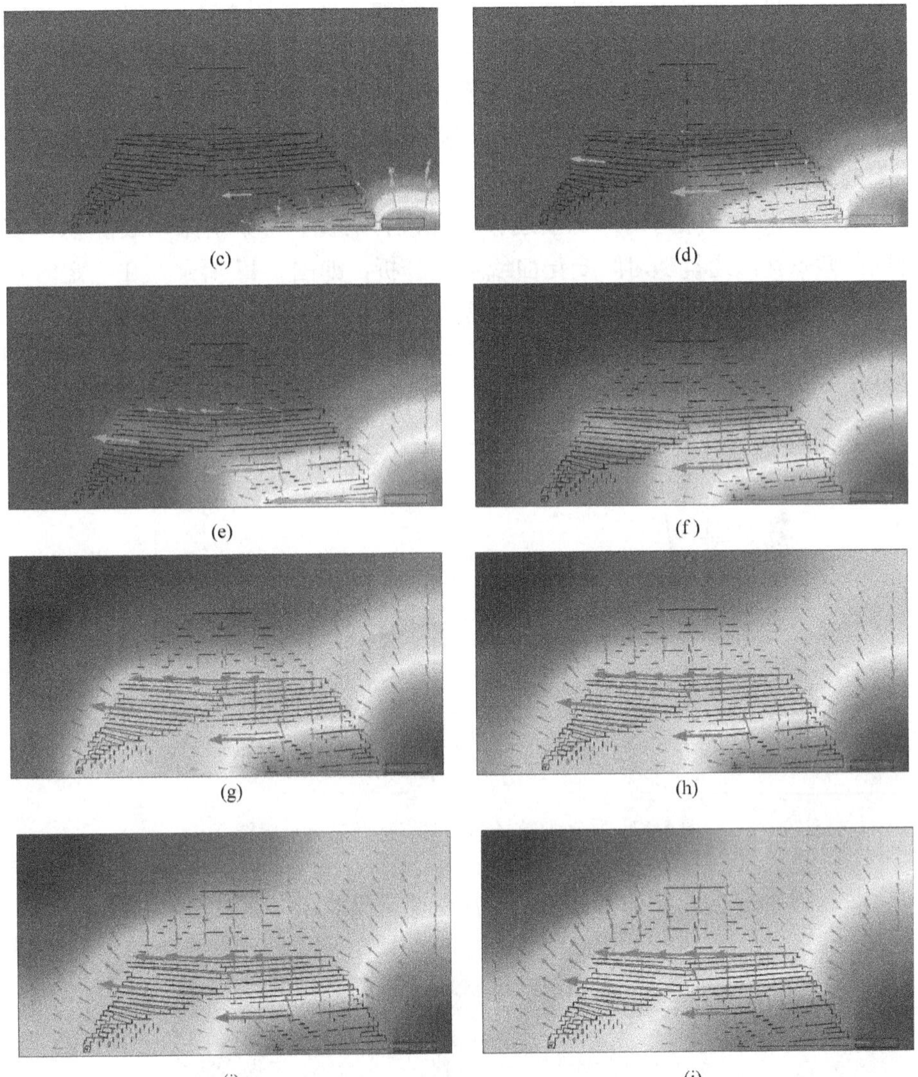

图 5-16　不同时刻采动裂隙场中瓦斯运移示意图

（a）$t=200\mathrm{s}$；（b）$t=20000\mathrm{s}$；（c）$t=40000\mathrm{s}$；（d）$t=200000\mathrm{s}$；（e）$t=400000\mathrm{s}$；

（f）$t=800000\mathrm{s}$；（g）$t=1200000\mathrm{s}$；（h）$t=1600000\mathrm{s}$；（i）$t=2000000\mathrm{s}$；（j）$t=2400000\mathrm{s}$

　　由图 5-16 可以看出不同时刻煤层瓦斯在采动裂隙场中的瓦斯运移动态演化规律，且在采动裂隙场梯形台上覆岩层离层量较大的区域瓦斯通量较大。图中箭头的大小代表瓦斯通量的大小，可以明显看出，采动裂隙场梯形台中采动裂隙的

彩图请扫码

瓦斯通量远远大于上覆岩层基质中的瓦斯通量，采动裂隙场中横向离层裂隙和竖向破断裂隙为瓦斯流通的通道，与瓦斯在上覆岩层基质中的运移相比，采动裂隙场中的离层裂隙和竖向破断裂隙具有瓦斯流动导向性；而且，随着瓦斯在采动裂隙场梯形台中的运移，瓦斯富集区域基本位于采动裂隙梯形台的上端离层裂隙最大的区域。

　　为了对采动裂隙场内外瓦斯运移情况进行对比，分别对采动裂隙场梯形台内外两点瓦斯通量随时间变化曲线进行分析，如图 5-17 所示，在一定时间范围内，采动裂隙场内的瓦斯通量远远大于采动裂隙场外的瓦斯通量。

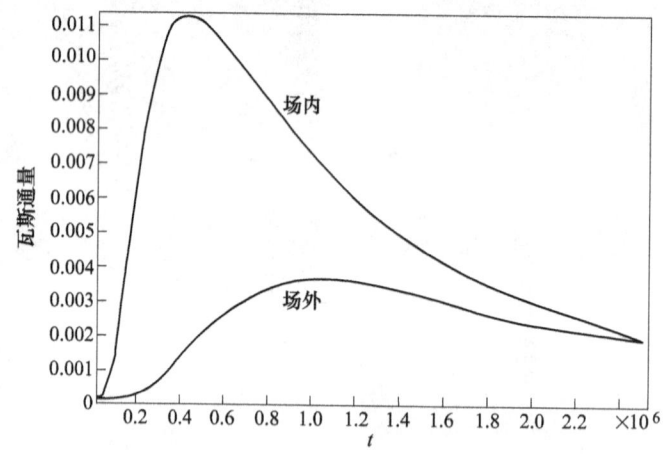

图 5-17　采动裂隙场内外两点瓦斯通量示意图

图 5-18 所示为瓦斯浓度云图以及瓦斯通量流线图。假设瓦斯运移到一定

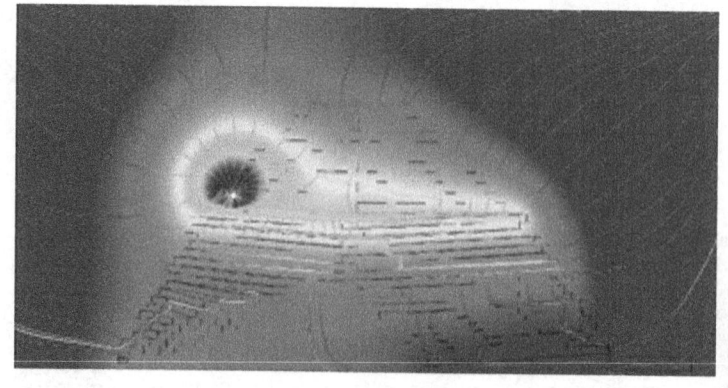

图 5-18　瓦斯浓度云图以及瓦斯通量流线图

彩图请扫码

时间时整个区域瓦斯浓度达到平衡，在采动裂隙场裂隙带钻孔进行瓦斯抽采，则由瓦斯浓度分布可以看出，随着钻孔抽采瓦斯的进行，整个域内的瓦斯浓度均在下降，且在裂隙发育的区域下降速率较大。

将瓦斯浓度的高低运用高度表达式来进行表达，得到瓦斯浓度的高度表达示意图，如图 5-19 所示，三维高度图与其下的平面浓度云图一一对应。从图中可以看到，在周围基质中的瓦斯浓度高度表达较为平缓地下降，至采动裂隙场中裂隙发育区时迅速下降，其代表的物理意义为，在上覆岩层基质中瓦斯浓度下降速率较小，而在采动裂隙场中裂隙发育区时下降速率较快，说明随着抽采的进行，瓦斯在采动裂隙场中运移的流动导向性更强。

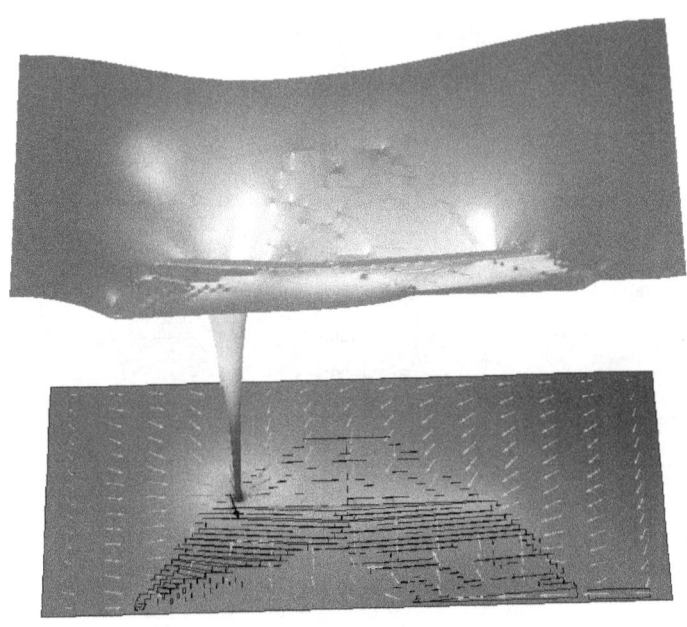

图 5-19　瓦斯浓度的高度表达示意图　　彩图请扫码

5.4　工作面前方支承压力分布及渗透率变化规律数值模拟研究

当煤层开采到一定距离时，无煤柱开采、放顶煤开采及保护层开采三种开采条件下支承压力分布规律各不相同，具体表现在支承压力峰值大小、峰值点位置以及支承压力分布范围等的不同，推进距离不同时支承压力大小及渗透率变化规律均不同。因此利用 COMSOL 数值模拟软件对 3 种不同开采条件下煤层推进不同距离时支承压力分布规律及对应的渗透率变化规律进行了数值模拟研究。

5.4.1 无煤柱开采条件下工作面前方支承压力分布及渗透率规律数值模拟研究

当工作面推进距离分别为 10m、30m、50m、70m 时，无煤柱开采条件下工作面前方不同距离支承压力分布特征及对应的渗透率变化规律如图 5-20 所示，可以看出无煤柱开采条件下煤层渗透率变化规律与工作面前方支承压力分布规律有较好的对应关系。

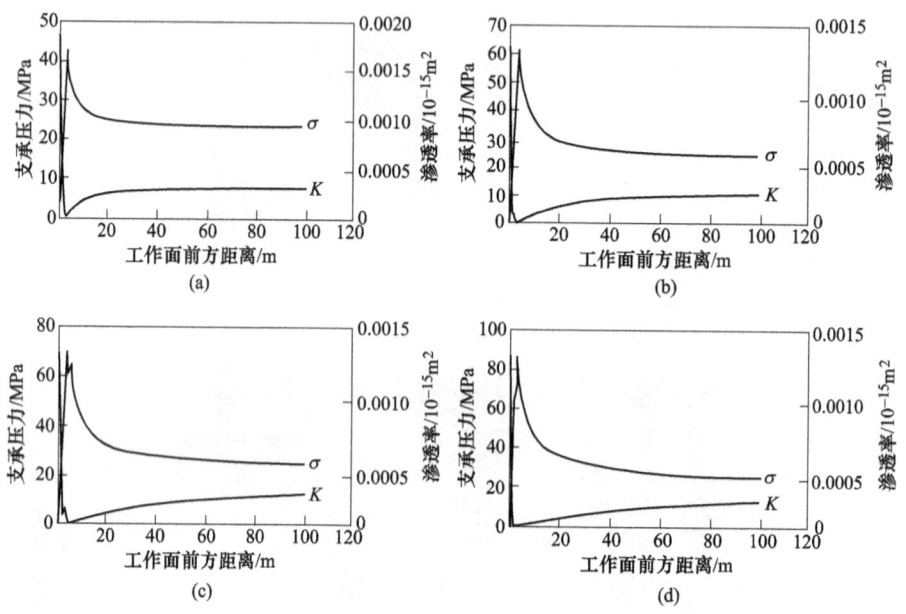

图 5-20 无煤柱开采条件下不同推进距离时工作面前方支承压力
分布特征及渗透率变化规律

（a）推进距离为 10m；（b）推进距离为 30m；（c）推进距离为 50m；（d）推进距离为 70m

由图 5-20 可以看出，随着工作面前方距离的增加，无煤柱开采条件下不同推进距离时工作面前方支承压力变化规律均表现为先增加后降低最后保持基本稳定，其稳定时的应力值基本等于或略大于原岩应力；与支承应力变化规律相对应的渗透率变化规律为先减小后增加最后保持基本稳定。当工作面推进 10m 时，工作面前方支承压力为 42.86MPa，应力集中系数 K 为 1.79；当工作面推进 30m 时，工作面前方支承压力为 60.22MPa，应力集中系数 K 为

2.51；当工作面推进50m时，工作面前方支承压力为69.07MPa，应力集中系数K为2.88；当工作面推进70m时，工作面前方支承压力为85.95MPa，应力集中系数K为3.58。可以看出，随着工作面推进距离的增加，工作面前方支承压力逐渐升高，导致其应力集中系数也随之增加。

无煤柱开采条件下应力集中系数与工作面推进距离的关系曲线如图5-21所示，随着工作面推进距离的增加，应力集中系数增加，且增加的趋势逐渐变缓；当煤层推进到充分采动推进距离时，应力集中系数不再继续增加，保持基本稳定。

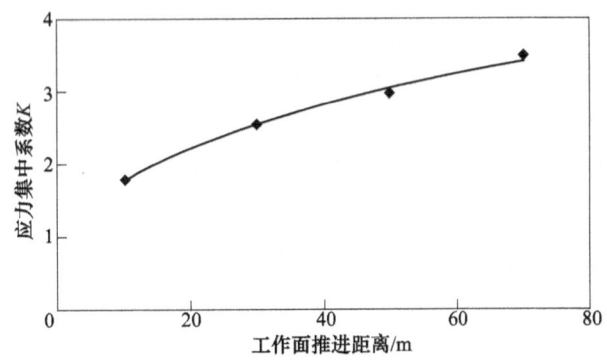

图 5-21 无煤柱开采条件下应力集中系数与工作面推进距离的关系

5.4.2 放顶煤开采条件下工作面前方支承压力分布及渗透率规律数值模拟研究

当工作面推进距离分别为10m、30m、50m、70m时，放顶煤开采条件下工作面前方不同距离支承压力分布特征及对应的渗透率变化规律如图5-22所示，可以看出放顶煤开采条件下煤层渗透率变化规律与工作面前方支承压力分布规律有较好的对应关系。

由图5-22可以看出，随着工作面前方距离的增加，放顶煤开采条件下工作面前方支承压力变化规律与无煤柱开采条件下规律基本相同，均表现为先增加后降低最后保持基本稳定，其稳定时的应力值基本等于或略大于原岩应力；与支承应力变化规律相对应的渗透率变化规律为先减小后增加最后保持基本稳定。当工作面推进10m时，工作面前方支承压力为38.07MPa，应力集中系数K为1.59；当工作面推进30m时，工作面前方支承压力为54.36MPa，应力集中系数K为2.27；当工作面推进50m时，工作面前方支承压力为62.82MPa，应力集中系数K为2.62；当工作面推进70m时，工作面前方支承压力为63.20MPa，应力集中系数K为2.63。随着工作面推进距离的增加，工作面前方支承压力逐渐升高，导致其应力集中系数也随之增加。

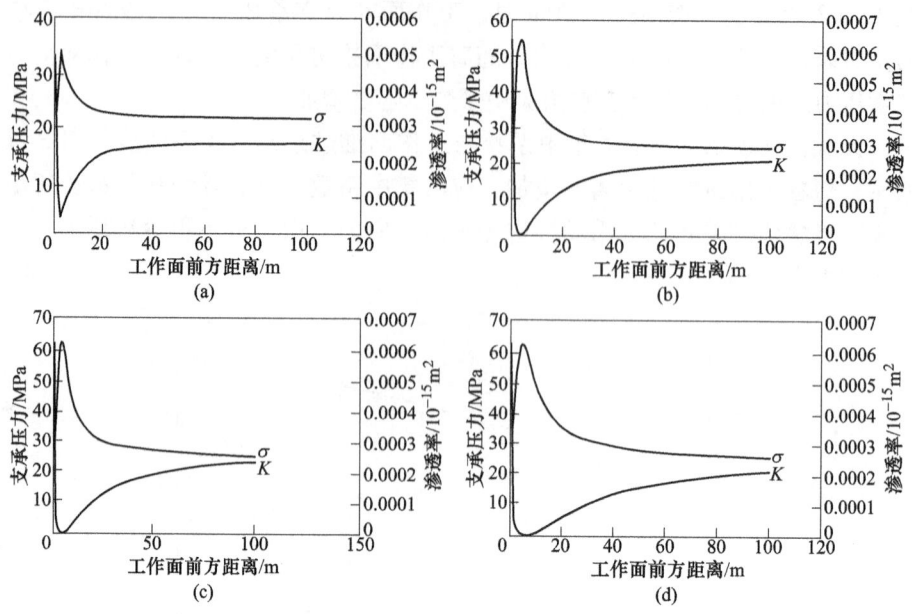

图 5-22　放顶煤开采条件下不同推进距离时工作面前方支承压力
分布特征及渗透率变化规律
（a）推进距离为 10m；（b）推进距离为 30m；（c）推进距离为 50m；（d）推进距离为 70m

　　放顶煤开采条件下应力集中系数与工作面推进距离的关系曲线如图5-23
所示，随着工作面推进距离的增加，应力集中系数增加，且增加的趋势逐
渐变缓；当煤层推进到充分采动推进距离时，应力集中系数保持基本稳定。

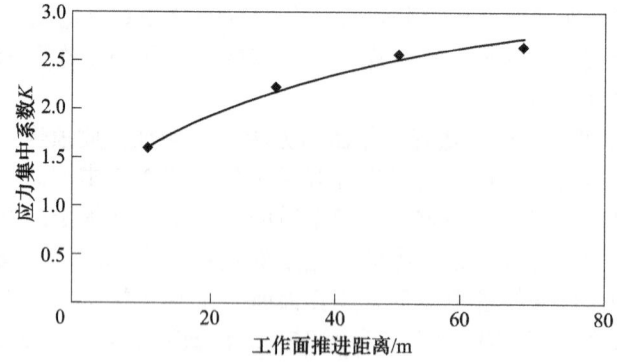

图 5-23　放顶煤开采条件下应力集中系数与工作面推进距离的关系

5.4.3　保护层开采条件下工作面前方支承压力分布及渗透率规律数值模拟研究

当工作面推进距离分别为 10m、30m、50m、70m 时，保护层开采条件下工作面前方不同距离支承压力分布特征及对应的渗透率变化规律如图 5-24 所示，可以看出保护层开采条件下煤层渗透率变化规律与工作面前方支承压力分布规律有较好的对应关系。

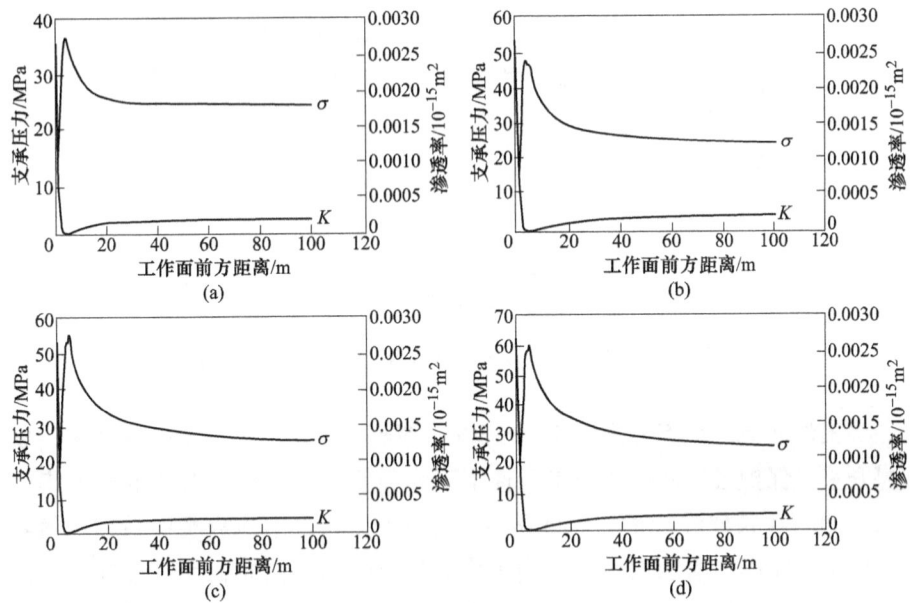

图 5-24　保护层开采条件下不同推进距离时工作面前方支承压力分布
特征及渗透率变化规律

（a）推进距离为 10m；（b）推进距离为 30m；（c）推进距离为 50m；（d）推进距离为 70m

由图 5-24 可以看出，随着工作面前方距离的增加，保护层开采条件下工作面前方支承压力变化规律与无煤柱开采及放顶煤开采条件下规律基本相同，均表现为先增加后降低最后保持基本稳定，其稳定时的应力值基本等于或略大于原岩应力；与支承应力变化规律相对应的渗透率变化规律为先减小后增加最后保持基本稳定。当工作面推进 10m 时，工作面前方支承压力为 37.07MPa，应力集中系数 K 为 1.55；当工作面推进 30m 时，工作面前方支承压力为 48.33MPa，应力集中系数 K 为 2.01；当工作面推进 50m 时，工作面前方支承压力为 55.81MPa，应力集中系数 K 为 2.33；当工作面推进 70m 时，工作面前方支承压力为 60.58MPa，应力集中系数 K 为 2.52。随着工作面推进距离的增加，工作面前方支承压力逐渐升高，导致其应力集中系数也随之增加。

保护层开采条件下应力集中系数与工作面推进距离的关系曲线如图 5-25 所示，随着工作面推进距离的增加，应力集中系数增加，且增加的趋势逐渐变缓；当煤层推进到充分采动推进距离时，应力集中系数保持基本稳定。

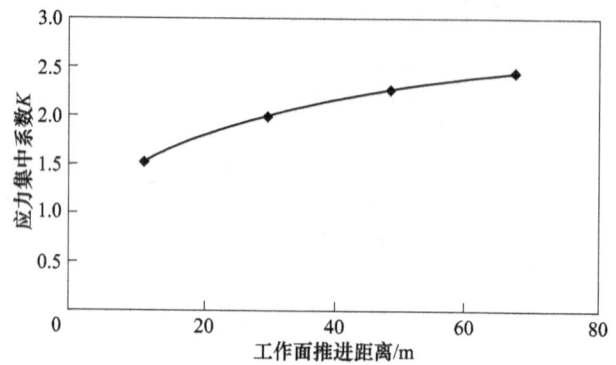

图 5-25   保护层开采条件下应力集中系数与工作面推进距离的关系曲线

当工作面推进距离分别为 10m、30m、50m、70m 时，对无煤柱开采、放顶煤开采、保护层开采三种开采条件下工作面前方支承压力对应的应力集中系数 K 进行比较分析，如图 5-26 所示，三种开采条件下应力集中系数均随着工作面推进距离的增加而增加；当工作面推进距离相同时，无煤柱开采条件下应力集中系数最大，放顶煤开采应力集中系数次之，保护层开采应力集中系数最小，即 $K_w > K_f > K_b$，其规律与不同开采条件下含瓦斯煤、不含瓦斯煤试验所得应力集中系数规律相同。

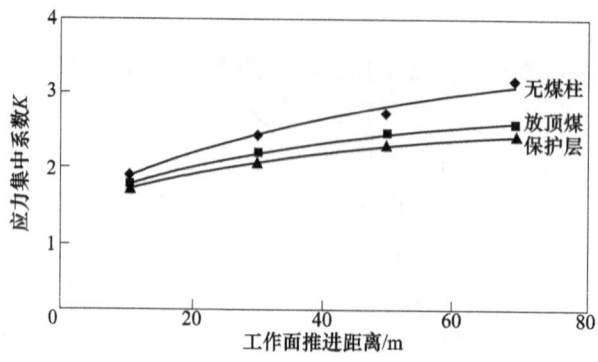

图 5-26   三种开采条件下应力集中系数与工作面推进距离的关系曲线

5.5 本 章 小 结

工作面前后上覆岩层受采动影响其应力变化、变形及移动表现为"横三区"和"竖三带"分布，从而影响工作面前方及采空区上方采动裂隙场中瓦斯流动规律。在建立采动影响下煤层瓦斯运移数学模型的基础上，对采空区上方上覆岩层的移动破坏情况进行 UDEC 数值模拟得到其采动裂隙场分布，将其导入 COMSOL 软件中进行采动裂隙场中的瓦斯运移规律研究，并采用COMSOL 软件对不同开采条件下（无煤柱开采、放顶煤开采、保护层开采）工作面前方支承压力及渗透率变化规律进行模拟。得到的主要结论如下：

（1）建立了采动影响下煤层瓦斯运移的数学模型，包括含瓦斯煤岩的变形场方程、瓦斯流动场方程、煤岩固体骨架及瓦斯流体的状态方程及煤层瓦斯含量方程，瓦斯流体在煤岩多孔介质中的流动需根据不同区域进行运动方程的描述，在工作面前方、工作面及采空区区域的流动方程分别选择 Darcy 定律、Navier-Stokes 方程和 Brinkman 方程。

（2）采空区上方上覆岩层移动的过程是一个动态的时空演化过程，利用UDEC 软件模拟开采过程中裂隙场的演化形态，当工作面推进不同距离时，采空区上方上覆岩层形成采动裂隙梯形台，且梯形台左侧断裂角略大于右侧断裂角；当工作面推进到一定距离时，采动裂隙场形态为由内部梯形台和外部梯形台组成的复合梯形台，在梯形台底部，外部梯形台与内部梯形台的左侧间距小于右侧间距。

（3）进行了煤层瓦斯在不同时刻的瓦斯运移动态演化规律的 COMSOL数值模拟研究，在采动裂隙场梯形台上覆岩层离层量较大的区域，瓦斯通量较大。与瓦斯在上覆岩层基质中的运移相比，采动裂隙场中的离层裂隙和竖向破断裂隙具有瓦斯流动导向性；而且，随着瓦斯在采动裂隙场梯形台中的运移，瓦斯富集区域基本位于采动裂隙梯形台的上端离层裂隙最大的区域。

（4）在采动裂隙场裂隙带钻孔进行瓦斯抽采时，上覆岩层基质中瓦斯浓度下降速率较小，而在采动裂隙场中裂隙发育区时下降速率较快，说明随着抽采的进行，瓦斯在采动裂隙场中运移的流动导向性更强。

（5）三种开采条件下煤层渗透率变化规律与工作面前方支承压力分布规律有较好的对应关系。随着工作面前方距离的增加，三种开采条件下工作面前方支承压力变化规律均表现为先增加后降低最后保持基本稳定，渗透率变化规律为先减小后增加最后保持基本稳定。

（6）随着工作面推进距离的增加，三种开采条件下煤层支承压力对应的应力集中系数增加，且增加的趋势逐渐变缓；当工作面推进距离相同时，无煤柱开采、放顶煤开采、保护层开采三种开采条件下应力集中系数依次降低。

6 结　　论

本书研究以煤矿生产中实际存在的采空区构筑物漏风以及高瓦斯煤层采空区瓦斯治理问题为着眼点，自主研发了一种井下构筑物漏风实测技术与装备和采空区瓦斯浓度区域分布三维实测技术和装备，并将上述两种实测技术和装备成功应用于现场。基于现场实测数据，对分段留巷 Y 型通风两进风巷、工作面及沿空留巷内的流场和瓦斯空间分布进行三维重构，得到回采工作面、运输顺槽、辅助进风巷及 Y 型通风留巷段采场流场形态及瓦斯分布规律；对分段留巷 Y 型通风采空区构筑物漏风情况、采空区瓦斯区域分布情况进行现场实测，获得分段留巷 Y 型通风方式下采空区高瓦斯浓度区域分布规律。基于现场实际工程背景，对高瓦斯煤层采场及采空区的流场形态和瓦斯分布规律进行数值模拟研究，并将数值模拟结果与现场实测结果进行对比分析，验证了所研发的采空区瓦斯浓度区域分布三维实测装备和技术的实用性和可靠性，最终形成了一套可靠的采空区瓦斯分布实测关键技术；另外，在建立采动影响下煤层瓦斯运移数学模型的基础上，对采空区上方上覆岩层的移动破坏情况进行 UDEC 数值模拟，得到采动裂隙场分布，将其导入到 COMSOL 软件中，进行采动裂隙场中的瓦斯运移规律研究；并采用 COMSOL 软件对不同开采条件下（无煤柱开采、放顶煤开采、保护层开采）工作面前方支承压力及渗透率变化规律进行数值模拟。

所得主要研究结论如下：

（1）研发了构筑物漏风检测装备与实测技术，实现了井下构筑物漏风实际情况的实时监测。

（2）研发了采空区瓦斯分布实测技术装备与实际技术，实现了对近留巷侧采空区高瓦斯体积分数区域空间范围的界定。

（3）形成了一种高瓦斯煤层采空区瓦斯分布实测关键技术，并以现场实测和数值模拟理论验证两种方式验证了技术的实用性与科学性。

（4）在 Y 型通风条件下采空区存在着一定的漏风现象，并在采空区内部一定范围内存在高瓦斯浓度区域，严重影响着煤矿的安全生产，是煤矿瓦斯治理工作的重中之重。

（5）对工作面在 Y 型通风条件下的采空区构筑物的漏风情况进行了实测和分析，结果表明：

1）沿着采空区走向方向上随着监测距离长度增加，采空区侧漏风规律大致呈 L 形下降，即在 0~20m 内漏风速度急速下降，20~120m 内漏风速度下降的趋势有所减弱，通过对漏风速度曲线进行积分，发现其漏风量随着距离增加在减小。

2）采空区漏风可以分为 3 个区域，即 0~20m 为风速涡流区，20~100m 为风速过渡区，100~120m 为风速稳定区。

3）通过对采空区涌出气体进行收集分析，得到采空区中瓦斯浓度分布情况，为针对采空区瓦斯治理提供了一种新的监测技术手段，能有效降低采空区瓦斯事故发生率，保证矿井的安全生产，具有广泛推广意义。

（6）分段留巷 Y 型通风条件下留巷段、工作面、辅进风巷和运输顺槽的瓦斯分布规律及风流流场规律如下：

1）两进风巷在与工作面交叉位置处流场和瓦斯浓度发生明显变化，主要表现为靠近工作面煤壁拐角处风速减小而瓦斯浓度升高；工作面内高瓦斯浓度区域为靠近煤壁上方区域，且在工作面与沿空留巷交叉口靠近采空区侧瓦斯浓度升高明显；沿空留巷内靠近采空区上角位置瓦斯浓度较高；不同工况条件下，采场各巷道内流场及瓦斯分布规律相似。

2）综放开采分段留巷 Y 型通风方式下，留巷段内瓦斯易在上隅角发生积聚，同一巷道断面局部区域瓦斯浓度高出平均浓度数倍，留巷段内风场分布较为一致，整体未出现局部风流变小情况，因此需调整巷道配风量，以避免上隅角瓦斯积聚。

3）对于工作面采场空间内瓦斯分布，正常开机开采时，靠近煤壁一侧瓦斯浓度较高，且采煤机前后瓦斯分布浓度差异较大；停采检修时，靠近采空区一侧液压支架下瓦斯浓度较高，且风速较小，存在一定的瓦斯积聚。

4）辅进风巷和运输顺槽作为双进风巷，正常开机采煤与停机检修时瓦斯及风场分布均较稳定，且瓦斯浓度均较低，均在 0.4% 以下，满足通风要求。

5）在距离工作面较近的采空区内，风流流动方向是从进风侧向回风侧，而在 Y 型通风方式下，由于两条进风巷内的风压不同，使得上隅角和回风巷内的瓦斯浓度较低，但有瓦斯浓度较高的区域向采空区深部运移的趋势。

6）在工作面进风巷的瓦斯浓度不一样，这主要是由两侧风压比例不同决定的，靠近进风压大的一侧瓦斯浓度梯度较小，工作面瓦斯浓度梯度的变化主要是 Y 型通风方式决定的。

7) 两进一回 Y 型通风方式风流从运输巷流入，在流经工作面通道时，一部分风流漏入采空区，且下隅角附近漏风较大，此后至工作面中部距下隅角距离增大，漏风量减小，在上隅角附近漏风量急剧增大。

(7) 分段留巷 Y 型通风条件下采空区内瓦斯分布规律及风流流场规律呈现如下规律：

1) 近留巷侧采空区在一定空间范围内出现瓦斯积聚现象，该瓦斯积聚区域的空间范围为：在沿工作面倾斜方向上，距沿空留巷 30~45m；在沿留巷延伸方向上，距工作面 35~55m；在垂直煤层底板方向上，距煤层底板 15~30m 范围内，瓦斯浓度最高处可达 0.9%；采煤班与检修班不同工况条件下，近留巷侧采空区高瓦斯浓度区域空间范围基本相同。

2) 综放开采工作面采用分段留巷 Y 型通风方式时，虽然工作面上隅角瓦斯积聚的问题能够得到很好的解决，但是瓦斯积聚的现象并没有消失，而是转移至靠近留巷的采空区内部，在一定范围内形成高瓦斯浓度区域。

3) 分段留巷 Y 型通风条件下，由于工作面向采空区漏风和采空区顶板破断岩块垮落碰撞，致使近留巷侧采空区形成的高瓦斯浓度积聚区域具有严重的瓦斯爆炸威胁；为保证安全生产，需采取有效措施对近留巷侧采空区高瓦斯浓度积聚区域进行监测和治理。

(8) 综放开采 Y 型通风条件下，工作面瓦斯分布比较稳定且瓦斯浓度较低，运输巷风流进入工作面后，在工作面右侧邻近进风巷附近与进风巷风流汇合，使得上隅角和近工作面留巷段瓦斯浓度降低，但高浓度瓦斯区域有向沿空留巷深部转移的趋势，在靠近留巷侧的采空区的一定范围内形成高瓦斯浓度区域，这与现场实测所得结论相吻合，说明所研发的采空区瓦斯浓度区域分布三维实测装备和技术是可靠的。

(9) 对采动影响下采空区上方裂隙场演化规律及瓦斯在裂隙场中的运移规律进行研究，所得主要结论如下：

1) 建立了采动影响下煤层瓦斯运移的数学模型，包括含瓦斯煤岩的变形场方程、瓦斯流动场方程、煤岩固体骨架及瓦斯流体的状态方程及煤层瓦斯含量方程，瓦斯流体在煤岩多孔介质中的流动需根据不同区域进行运动方程的描述，在工作面前方、工作面及采空区区域的流动方程分别选择 Darcy 定律、Navier-Stokes 方程和 Brinkman 方程。

2) 采空区上方上覆岩层移动的过程是一个动态的时空演化过程，当工作面推进不同距离时，采空区上方上覆岩层形成采动裂隙梯形台，且梯形台左侧断裂角略大于右侧断裂角；当工作面推进到一定距离时，采动裂隙场形态为由内部梯形台和外部梯形台组成的复合梯形台，在梯形台底部，外部梯形台与内部梯形台的左侧间距小于右侧间距。在采动裂隙场梯形台上覆岩层离层量较大的区域，瓦斯通量较大。与瓦斯在上覆岩层基质中的运移相比，采动裂隙场中的离层裂隙和竖向破断裂隙具有瓦斯流动导向性；而且，随着瓦斯在采动裂隙场梯形台中的运移，瓦斯富集区域基本位于采动裂隙梯形台的上端离层裂隙最大的区域。在采动裂隙场裂隙带钻孔进行瓦斯抽采时，上覆岩层基质中瓦斯浓度下降速率较小，而在采动裂隙场中裂隙发育区时下降速率较快，说明随着抽采的进行，瓦斯在采动裂隙场中运移的流动导向性更强。

　　3）无煤柱开采、放顶煤开采、保护层开采三种开采条件下煤层渗透率变化规律与工作面前方支承压力分布规律有较好的对应关系。随着工作面前方距离的增加，三种开采条件下工作面前方支承压力变化规律均表现为先增加后降低最后保持基本稳定，渗透率变化规律为先减小后增加最后保持基本稳定。随着工作面推进距离的增加，三种开采条件下煤层支承压力对应的应力集中系数增加，且增加的趋势逐渐变缓；当工作面推进距离相同时，无煤柱开采、放顶煤开采、保护层开采三种开采条件下应力集中系数依次降低。

参 考 文 献

[1] 中国工程院"能源中长期发展战略研究"项目组.中国能源中长期（2030、2050）发展战略研究：节能，煤炭卷 [M].北京：科学出版社，2011.

[2] 许萍，杨晶.2018年中国能源产业回顾及2019年展望 [J].石油科技论坛，2019，38（1）：8-19.

[3] 闫宏明.基于支持向量机的矿井瓦斯事故风险预测技术研究 [D].太原：太原理工大学，2018.

[4] 徐枫，张特曼，赵明明.2006—2015年我国煤矿瓦斯事故统计分析 [J].内蒙古煤炭经济，2018（5）：98-100，108.

[5] 戚良锋.Y型通风方式下采空区瓦斯流场数值模拟研究 [D].淮南：安徽理工大学，2009.

[6] 赵洪宝，潘卫东，汪昕.开采薄煤层采空区瓦斯分布规律数值模拟研究 [J].煤炭学报，2011，36（S2）：440-443.

[7] 车强.采空区气体三维多场耦合规律研究 [D].北京：中国矿业大学（北京），2010.

[8] 杨明，张帆.煤层倾角对采空区流场及瓦斯分布的影响研究 [J].中国安全生产科学技术，2014，10（11）：34-40.

[9] 王凯，吴伟阳.J型通风综放采空区流场与瓦斯运移数值模拟 [J].中国矿业大学学报，2007，36（3）：277-282.

[10] 李宗翔，刘玉洲，吴强.采空区流场非线性渗流的改进迭代算法 [J].重庆大学学报：自然科学版，2008，31（2）：186-190.

[11] 秦跃平，朱建芳，陈永权，等.综放开采采空区瓦斯运移规律的模拟试验研究 [J].煤炭科学技术，2003，31（11）：13-16.

[12] 何磊，杨胜强，孙祺，等.Y型通风下采空区瓦斯运移规律及治理研究 [J].中国安全生产科学技术，2011，7（2）：50-54.

[13] Qin Z, Liang Y, Hua G, et al. Investigation of longwall goaf gas flows and borehole drainage performance by CFD simulation [J]. International Journal of Coal Geology, 2015, 150-151.

[14] 秦伟，许家林，彭小亚，等.老采空区瓦斯抽采地面钻井的井网布置方法 [J].采矿与安全工程学报，2013，30（2）：289-295.

[15] 孙荣军，李泉新，方俊，等.采空区瓦斯抽采高位钻孔施工技术及发展趋势 [J].煤炭科学技术，2017，45（1）：94-99.

[16] 罗新荣，唐冠楚，李亚伟，等.CFD模型下采空区瓦斯抽采与注氮防灭火设计 [J].中国安全科学学报，2016，26（6）：69-74.

[17] 褚廷湘，余明高，姜德义，等."U+I"型采煤工作面采空区瓦斯抽采量理论研究 [J].中国矿业大学学报，2015，44（6）：1008-1016.

[18] 李宗翔，衣刚，武建国，等．基于"O"型冒落及耗氧非均匀采空区自燃分布特征
　　　[J]．煤炭学报，2012，37（3）：484-489.

[19] 刘松，蒋曙光，王东江，等．采空区自燃"三带"变化规律研究 [J]．煤炭科学技
　　　术，2011，39（4）：69-73.

[20] 余聪．压入式通风下浅埋煤层采空区地表漏风规律研究 [D]．淮南：安徽理工大
　　　学，2019.

[21] 王海桥．示踪气体测量理论及在矿井通风中的应用 [J]．工业安全与防尘，
　　　2000（2）：11-13.

[22] 张绪林，肖长亮．SF_6 示踪气体在近距离煤层群工作面漏风检测中的应用 [J]．能源
　　　与环保，2020，42（8）：76-80.

[23] 任晓鹏．SF_6 示踪气体在矿井近距离煤层漏风检测中的应用 [J]．煤炭技术，2013，
　　　32（6）：188-190.

[24] 张福成．SF_6 示踪气体测定漏风技术在神东矿区的应用 [J]．煤炭工程，2006（6）：
　　　94-96.

[25] 储方健．用双示踪技术检测综放工作面采空区漏风分布 [J]．煤矿安全，2003（2）：
　　　17-19.

[26] 邵辉，代广龙，张国枢．SF_6-CF_2ClBr 双元示踪气体检测复杂采空区漏风技术 [J]．煤
　　　炭科学技术，1998（4）：2-5，58.

[27] 舒祥泽，商登莹．示踪技术在矿井漏风状况定量分析中的应用 [J]．煤炭学报，
　　　1991（2）：31-40.

[28] 杨勇，史惠堂．应用示踪技术检测矿井采空区漏风 [J]．中国煤炭，2009，35（2）：
　　　52-55.

[29] 秦汝祥，戴广龙，闵令海，等．基于示踪技术的 Y 型通风工作面采空区漏风检测
　　　[J]．煤炭科学技术，2010，38（2）：35-38.

[30] 石必明，成新龙．能位测定与示踪技术联合检测复杂采空区漏风 [J]．矿业安全与环
　　　保，2002（2）：14-15，17-67.

[31] 江卫．SF_6 示踪技术与能位测定联合检测复杂采空区漏风 [J]．煤炭科学技术，
　　　2003（8）：9-11.

[32] 郝圣艾，张作华，赵红梅，贺俊杰．利用 SF_6 定性检测采空区地表漏风 [J]．煤矿安
　　　全，2007（8）：26-28.

[33] 崔益源．基于示踪气体测量技术的采空区漏风研究 [D]．北京：中国矿业大学（北
　　　京），2018.

[34] 田垚，汤思敏，王佳俐，等．基于示踪检测法与数值模拟的 Y 型通风工作面采空区
　　　漏风规律研究 [J]．矿业安全与环保，2020，47（5）：40-45.

[35] 徐会军，刘江，徐金海．浅埋薄基岩厚煤层综放工作面采空区漏风数值模拟 [J]．煤
　　　炭学报，2011，36（3）：435-441.

[36] 谢振华. 大倾角坚硬顶板综放面采空区漏风数值模拟 [J]. 中国安全生产科学技术, 2019, 15 (6): 42-47.

[37] 文虎, 赵阳, 肖旸, 等. 深井综放采空区漏风流场数值模拟及自燃危险区域划分 [J]. 煤矿安全, 2011, 42 (9): 12-15.

[38] 康雪, 张庆华. 采空区漏风流场相似材料模拟研究 [J]. 中国安全科学学报, 2015, 25 (9): 53-58.

[39] 杨明, 高建良, 冯普金. U 型和 Y 型通风采空区瓦斯分布数值模拟 [J]. 安全与环境学报, 2012, 12 (5): 227-230.

[40] 杨胜强, 张枚润, 王大强. 瓦斯立体抽采系统中采空区漏风实测及模拟研究 [J]. 煤炭科学技术, 2013, 41 (3): 63-65, 103.

[41] 王凯, 俞启香, 缪协兴, 等. 综放采场 J 型通风系统治理高瓦斯涌出的研究 [J]. 中国矿业大学学报, 2004 (4): 3-7.

[42] 王凯, 吴伟阳. J 型通风综放采空区流场与瓦斯运移数值模拟 [J]. 中国矿业大学学报, 2007 (3): 277-282.

[43] 俞启香, 王凯, 杨胜强. 中国采煤工作面瓦斯涌出规律及其控制研究 [J]. 中国矿业大学学报, 2000 (1): 9-14.

[44] 张睿卿, 唐明云, 戴广龙, 等. 基于非线性渗流模型采空区漏风流场数值模拟 [J]. 中国安全生产科学技术, 2016, 12 (1): 102-106.

[45] 张学博, 靳晓敏. "U+L" 型通风综采工作面采空区漏风特性研究 [J]. 安全与环境学报, 2015, 15 (4): 59-63.

[46] Wendt M, Balusu R. CFD modeling of longwall goaf gas flow dynamics [J]. Coal and Safety, 2002: 17-34.

[47] Krawczyk J, Janus J. Modeling of the propagation of methane from the longwall goaf, performed by means of a two-dimensional description [J]. Archives of Mining Sciences, 2014, 59 (4): 851-868.

[48] 章梦涛, 王景琰. 采场空气流动状况的数学模型和数值方法 [J]. 煤炭学报, 1983 (3): 46-54.

[49] 袁亮. 低透气煤层群首采关键层卸压开采采空侧瓦斯分布特征与抽采技术 [J]. 煤炭学报, 2008, 33 (12): 1362-1367.

[50] 张东明, 刘见中. 煤矿采空区瓦斯流动分布规律分析 [J]. 中国地质灾害与防治学报, 2003 (1): 84-87.

[51] Esterhuizen G, Karacan C. A methodology for determining gob permeability distributions and its application to reservoir modeling of coal mine longwalls [J]. Sme Annual Meeting, 2007, 88 (1): 12-37.

[52] 戚良锋. Y 型通风方式下采空区瓦斯流场数值模拟研究 [D]. 淮南: 安徽理工大学, 2009.

[53] 王龙康，聂百胜，袁少飞，等. 综放工作面采空区瓦斯运移规律研究及应用 [J]. 煤炭技术，2015，34 (3)：171-173.

[54] 高建良，李星星，崔亚凯. 综采工作面采空区风流及瓦斯分布规律的数值模拟 [J]. 安全与环境学报，2013，13 (2)：164-168.

[55] 赵洪宝，潘卫东，汪昕. 开采薄煤层采空区瓦斯分布规律数值模拟研究 [J]. 煤炭学报，2011，36 (S2)：440-443.

[56] 陈冲冲，张学博，闫潮. 采空区瓦斯涌出源位置对瓦斯分布影响的数值模拟 [J]. 安全与环境学报，2015，15 (5)：100-103.

[57] 刘卫群，缪协兴. 综放开采 J 型通风采空区渗流场数值分析 [J]. 岩石力学与工程学报，2006 (6)：1152-1158.

[58] 康建宏，邬锦华，李绪明，等. 采空区高抽巷及埋管抽采下瓦斯分布规律研究 [J]. 采矿与安全工程学报，2021，38 (1)：191-198.

[59] 秦跃平，朱建芳，陈永权，等. 综放开采采空区瓦斯运移规律的模拟试验研究 [J]. 煤炭科学技术，2003 (11)：13-16.

[60] 魏引尚，邓敢博，吴晓凡，等. 急倾斜工作面采空区瓦斯分布规律的相似模拟研究 [J]. 湖南科技大学学报 (自然科学版)，2009，24 (1)：13-17.

[61] 张浩然，赵耀江，谢生荣. 沙曲矿采空区瓦斯抽采相似模拟实验研究 [J]. 中国煤炭，2011，37 (3)：97-99.

[62] 李俊贤，邢玉忠，王进尚. U+L+高位钻孔组方式下采空区漏风和瓦斯运移规律相似模拟 [J]. 煤矿安全，2013，44 (5)：7-10.

[63] 撒占友，何学秋，王恩元，等. 综采工作面上隅角瓦斯分布与积聚处理技术的研究 [J]. 矿业安全与环保，2001 (5)：5-7，72.

[64] 石建丽，张人伟，毕言峰，等. 注氮对综放工作面采空区瓦斯分布的影响分析 [J]. 煤矿安全，2011，42 (11)：101-103.

[65] 叶川. 高抽巷抽采下采空区瓦斯浓度场实测研究 [J]. 煤，2015，24 (12)：48-50.

[66] 周一力. "Y+高抽巷"工作面采空区瓦斯与氧气浓度场分布规律及其在灾害防治中的应用 [D]. 徐州：中国矿业大学，2019.

[67] 赵洪宝，张欢，王宏冰，等. 采空区瓦斯体积分数区域分布三维实测装置研制与应用 [J]. 煤炭学报，2018，43 (12)：3411-3418.

[68] Christian T, Mouilleau Y, Bouet R. Modelling of gas flows in the goaf of retreating faces. 25 [C]. Conference Internationale des Instituts de Recherches sur la Sècuritè dansles Mines, Sep 1993, Pretoria, South Africa.

[69] Ramakrishna M, Balusu R, Krishna T. et al. Inertisation options for BG method and optimisation using CFD modelling [J]. International Journal of Mining Science & Technology, 2015.

[70] Ren T, Balusu R, Claassen C. Computational fluid dynamics modelling of gas flow dynamics in large longwall goaf areas [J]. International Journal of Obstetric Anesthesia , 2009, 17:

374-381.

[71] 章梦涛，王景琰，梁栋等. 采场大气中沼气运移规律的数值模拟 [J]. 煤炭学报，1987（3）：23-29.

[72] 邸志乾，丁广骧，左树勋，等. 放顶煤综采采空区"三带"的理论计算与观测分析 [J]. 中国矿业大学学报，1993（1）：11-19.

[73] 柏发松. 采空区流场的动力相似特性及应用研究 [J]. 焦作工学院学报，1997（3）：68-73.

[74] 柏发松. 采空区瓦斯上浮问题的实验研究 [J]. 阜新矿业学院学报（自然科学版），1997（4）：412-416.

[75] 李树刚. 综放开采围岩活动影响下瓦斯运移规律及其控制 [J]. 岩石力学与工程学报，2000（6）：809-810.

[76] 林海飞. 采动裂隙椭抛带中瓦斯运移规律及其应用分析 [D]. 西安：西安科技大学，2004.

[77] 林海飞. 综放开采覆岩裂隙演化与卸压瓦斯运移规律及工程应用 [D]. 西安：西安科技大学，2009.

[78] 杨天鸿，陈仕阔，朱万成，等. 采空垮落区瓦斯非线性渗流-扩散模型及其求解 [J]. 煤炭学报，2009，34（6）：771-777.

[79] 蒋曙光，张人伟. 综放采场流场数学模型及数值计算 [J]. 煤炭学报，1998（3）：258-261.

[80] 王洪胜. 综采放顶煤开采瓦斯运移规律及控制技术应用研究 [D]. 北京：北京科技大学，2016.

[81] 李晓飞. 煤层双重孔隙模型及采空区瓦斯运移的数值模拟研究 [D]. 北京：中国矿业大学（北京），2017.

[82] 高建良，刘佳佳，张学博. 采空区渗透率对瓦斯运移影响的模拟研究 [J]. 中国安全科学学报，2010，20（9）：9-14.

[83] 乔志刚. 综采放顶煤工作面采空区瓦斯运移数值模拟研究 [D]. 太原：太原理工大学，2012.

[84] 洛锋，曹树刚，李国栋，等. 采动应力集中壳和卸压体空间形态演化及瓦斯运移规律研究 [J]. 采矿与安全工程学报，2018，35（1）：155-162.

[85] 李文璞. 采动影响下煤岩力学特性及瓦斯运移规律研究 [D]. 重庆：重庆大学，2014.

[86] Cao J, Li W. Numerical simulation of gas migration into mining-induced fracture network in the goaf [J]. International Journal of Mining Science and Technology, 2017, 27（4）：681-685.

[87] 赵鹏翔，卓日升，李树刚，等. 综采工作面瓦斯运移优势通道演化规律采高效应研究 [J]. 采矿与安全工程学报，2019，36（4）：848-856.

[88] 赵鹏翔，卓日升，李树刚，等．综采工作面推进速度对瓦斯运移优势通道演化的影响 [J]．煤炭科学技术，2018，46（7）：99-108.

[89] 庞拾亿．W 型通风工作面采空区瓦斯运移规律及防治技术研究 [D]．西安：西安科技大学，2019.

[90] 罗振敏，郝苗，苏彬，等．采空区瓦斯运移规律实验及数值模拟 [J]．西安科技大学学报，2020，40（1）：31-39.

[91] 李昊天．近距离煤层群综采面采空区瓦斯运移规律及应用 [D]．西安：西安科技大学，2015.

[92] 金佩剑．寺河矿提高瓦斯抽采效果研究 [D]．阜新：辽宁工程技术大学，2008.

[93] Price H S, Abdalla A. Mathematical model simulating flow of methane and water in coal mine systems [M]. Final Report US Bureau of Mines, 1972, R17667.

[94] Whittles D N, Lowndes I S, Kingman S W, et al. Influence of geotechnical actors on gas flow experienced in a UK longwall coal mine panel [J]. International Journal of Rock Mechanics and Mining Sciences, 2006, 43 (3): 369-387.

[95] Whittles D, Lowndes I, Kingman S, et al. The stability of methane capture boreholes around a longwall coal panel [J]. International Journal of Coal Geology, 2007, 71 (2-3): 313-328.

[96] Guo H, Yuan L, Shen B, et al. Mining-induced strata stress changes, fractures and gas flow dynamics in multi-seam longwall mining [J]. International Journal of Rock Mechanics & Mining Sciences, 2012, 54: 129-139.

[97] Karacan C, Esterhuizen G, Schatzel S, et al. Reservoir simulation-based modeling for characterizing longwall methane emissions and gob gas venthole production [J]. International Journal of Coal Geology, 2007, 71 (2-3): 225-245.

[98] Szlazak N, Obracaj D, Swolkień J. Methane drainage from roof strata using an overlying drainage gallery [J]. International Journal of Coal Geology, 2014, 136: 99-115.

[99] 程远平，付建华，俞启香．中国煤矿瓦斯抽采技术的发展 [J]．采矿与安全工程学报，2009，26（2）：127-139.

[100] 王魁军，张兴华．中国煤矿瓦斯抽采技术发展现状与前景 [J]．中国煤层气，2006（1）：13-16，39.

[101] 袁亮，薛俊华，张农，等．煤层气抽采和煤与瓦斯共采关键技术现状与展望 [J]．煤炭科学技术，2013，41（9）：6-11，17.

[102] 袁亮．淮南矿区瓦斯治理技术与实践 [J]．煤炭科学技术，2000（1）：7-11，50.

[103] 袁亮．复杂地质条件矿区瓦斯综合治理技术体系研究 [J]．煤炭科学技术，2006（1）：1-3.

[104] 王威．高瓦斯煤矿开采工作面瓦斯防治技术探讨 [J]．煤，2016，25（7）：66-67.

[105] 王春光．高产高效矿井的瓦斯综合防治技术 [J]．煤矿安全，2008（4）：35-39.

[106] 王春光，张东旭．深部煤矿开采瓦斯综合治理技术研究［J］．煤炭科学技术，2013，41（8）：11-14.

[107] 王春光．低含量超强开采工作面瓦斯异常涌出防治技术［J］．中国安全科学学报，2017，27（1）：71-76.

[108] 高宏，杨宏伟．超大直径钻孔采空区瓦斯抽采技术研究［J］．煤炭科学技术，2019，47（2）：77-81.

[109] 闫保永，曹柳，张家贵．煤层顶板裂隙带瓦斯抽采技术与装备探索［J］．煤炭科学技术，2020，48（10）：60-66.

[110] 唐冠楚．CFD 模型下采空区瓦斯抽采与防火研究［D］．徐州：中国矿业大学，2017.

[111] 钱鸣高，许家林．覆岩采动裂隙分布的"O"形圈特征研究［J］．煤炭学报，1998，23（5）：466-469.

[112] 钱鸣高，缪协兴，许家林，等．岩层控制的关键层理论［M］．徐州：中国矿业大学出版社，2000.

[113] 刘泽功，袁亮，戴广龙，等．开采煤层顶板环形裂隙圈内走向长钻孔法抽放瓦斯研究［J］．中国工程科学，2004（5）：32-38.

[114] 北京开采所．煤矿地表移动与覆岩破坏规律及其应用［M］．北京：煤炭工业出版社，1981.

[115] 李树刚．综放开采围岩活动影响下瓦斯运移规律及控制［D］．徐州：中国矿业大学，1998.